Anleitung zur
Bestimmung von Mineralien

von

N. M. Fedorowski
Professor an der Bergakademie Moskau

Übersetzung der letzten (zweiten)
russischen Auflage

Mit 15 Textabbildungen

Berlin
Verlag von Julius Springer
1926

ISBN-13: 978-3-642-89668-2   e-ISBN-13: 978-3-642-91525-3

DOI: 10.1007/978-3-642-91525-3

Vorwort zur ersten russischen Auflage.

Bisher erfolgte die Bestimmung der Mineralien auf Grund physikalischer Kennzeichen. So teilen Kobell und Penfield alle Mineralien in Gruppen nach dem Grade ihrer Schmelzbarkeit ein, Fuchs nach der Härte, Weißbach nach der Farbe, Brush wiederum nach Schmelzbarkeit und Farbe usw. Die chemischen Bestandteile des Minerals spielen bei diesen Bestimmungen eine untergeordnete Rolle. Dabei sind im Grunde genommen alle physikalischen Eigenschaften der Mineralien überaus veränderlich; nur die chemischen Hauptbestandteile bleiben unverändert. Dasselbe Mineral, zwei verschiedenen Lagerstätten entnommen, kann schmelzbar und auch nicht schmelzbar sein. Wieviele Studierende haben sich vergeblich bemüht, Mineralien nach Kobell auf Grund ihrer Schmelzbarkeit zu prüfen, von der einen zur anderen Gruppe übergehend und mitunter nahezu das halbe Buch resultatlos durchwandernd.

Von Anleitungen, die auf der Grundlage der Härtekennzeichen aufgebaut sind, ist schon gar nicht zu reden. Es ist so gut wie ausgeschlossen, nach dieser Methode ein Mineral genau zu bestimmen.

Alle, die mit der Feststellung von Mineralien sich beschäftigen, müssen, ob sie wollen oder nicht, die chemischen Eigenschaften in Betracht ziehen. Bisher hat es noch keine Anleitung unter Zugrundelegung chemischer Kennzeichen gegeben. Der Verfasser beschloß, eine solche Anleitung zu geben; schon gleich zu Anfang der Arbeiten wurde offenbar, daß die Mineralien sich vorzüglich nach chemischen Schemen einteilen lassen.

Man erhält keine Rätselsammlung wie in den früheren Anleitungen vorgesetzt, sondern eine logisch aufgebaute Systematik der Mineralien. Viele Gruppen erhalten die gleiche Klassifikation, wie in den Lehrbüchern der Mineralogie. Die grundlegende Aufgabe der Mineralbestimmung: Feststellung der chemischen Bestandteile, wird hier mit der größten Genauigkeit und Konsequenz durchgeführt.

Gewiß hat der erste Versuch viele Mängel aufzuweisen; der Verfasser wollte nur einen neuen wissenschaftlichen Weg zur Methode der Mineralbestimmung weisen.

Moskau 1920, Bergakademie.

Prof. N. M. Fedorowski.

Vorwort zur zweiten russischen Auflage.

Die Drucklegung der ersten Auflage erfolgte in Abwesenheit des Verfassers, so daß er der Möglichkeit beraubt war, abgesehen von einer Reihe von Druckfehlerberichtigungen in den Korrekturfahnen die erforderlichen Verbesserungen und Ergänzungen vorzunehmen. Inzwischen hat die Unterrichtspraxis die Notwendigkeit noch weiterer Ergänzungen und Verbesserungen erwiesen, so daß in der zweiten Auflage des Buches bereits die Erfahrungen der Praxis Verwertung gefunden haben. Da gegenwärtig Mangel an erfahrenen Unterrichtsleitern besteht, hat der Verfasser den ersten Abschnitt wesentlich erweitert, um ein selbständiges Arbeiten zu ermöglichen.

Der Verfasser hält es für seine Pflicht, Herrn B. S. Kolenko seinen Dank auszusprechen, der die nicht leichte Aufgabe übernommen hatte, die Formeln und Zahlengrößen auf ihre Richtigkeit, sowie die Übereinstimmung einer Reihe Angaben mit denen in den Nachschlagewerken von Dana, Hintze u. a. m. zu prüfen.

Moskau 1923, Bergakademie.

Prof. N. M. Fedorowski.

Vorwort zur deutschen Ausgabe.

Es ist dem Verfasser besonders angenehm, seine Methode in Deutschland in Vorschlag bringen zu können, dem Lande, in dem wir Russen auf wissenschaftlichem Gebiete so viel geschöpft haben. Gegenwärtig ist von ganz besonderem Werte die Zusammenarbeit der Wissenschaftler der Union der Sozialistischen Sowjetrepubliken, die sich von den Fesseln der ausländischen Intervention befreit haben, mit dem Lande, das sich noch unter dem Druck des Versailler Friedens befindet und Schweres zu erdulden hat, trotz alledem aber sich nach wie vor seinen lebendigen, schöpferischen Forschungsgeist erhalten hat. Unsere Freundschaft ist die Gewähr für eine lichte Zukunft.

Moskau, Bergakademie, 21. Januar 1926.

Prof. N. M. Fedorowski.

Inhaltsverzeichnis.

Zweiter Teil.

Methode zur Bestimmung von Mineralien.

Apparate und Reagenzien.

I. Das Lötrohr.

Das Lötrohr (Abb. 1) besteht aus dem Mundstück (a), dem Rohr (b), dem Windkasten (c), der Lötrohrspitze (d) und ist leicht auseinander zu nehmen. Das Rohr (b) darf nicht zu dickwandig sein, da es sich sonst während der Arbeit stark erhitzt. Der Windkasten (c) muß vom Rohr und von der Lötrohrspitze abnehmbar sein, damit man die Möglichkeit hat, die beim Durchblasen feuchter Luft sich in ihm ansammelnde Feuchtigkeit zu entfernen.

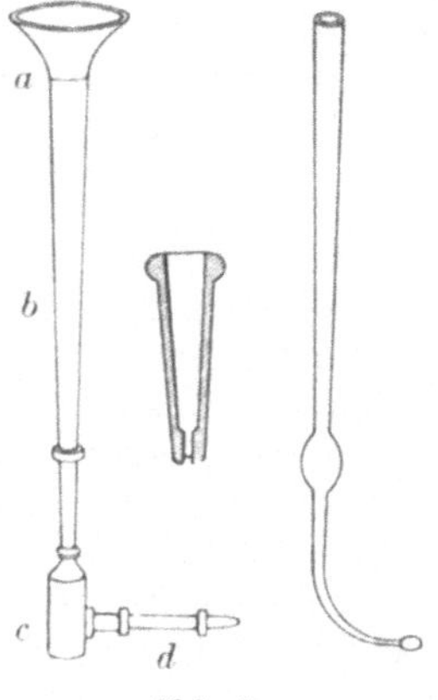

Abb. 1.

Das Lötrohr dient dazu, mit dem Munde Luft quer durch die Flamme zu blasen und auf diese Weise hohe Temperaturen zu erzielen, die man zur Bestimmung der Schmelzbarkeit, der Reaktionen bei der Gewinnung von Glas (Perlen) wie überhaupt zur Erwärmung kleiner Substanzmengen in der oxydierenden (Sauerstoff zuführenden) bzw. reduzierenden (Sauerstoff entziehenden) Flamme benötigt. Hierbei wird die der Probe zu unterziehende Substanz zum größten Teil mit bekannten Reagenzien vermengt, worauf sie entweder auf ein in der weiter unten erläuterten Weise präpariertes Stück Kohle oder in die Öse eines Platindrahtes gebracht wird.

Bei den Arbeiten mit dem Lötrohr wird in Laboratorien in der Regel eine Gasflamme verwendet. Man kann sich des Lötrohrs jedoch auch bedienen, und das ist von besonderer Wichtigkeit für Mineralogen und Geologen auf Reisen, wenn man die Flamme einer gewöhnlichen Öllampe oder dicken Kerze zur Verfügung hat.

Wenn Leuchtgas als Brennmaterial dient, so steckt man für Proben mit dem Lötrohr in den Bunsenbrenner ein kleines Metallröhrchen, das oben mit einem schmalen schrägen Schlitz endigt, und schließt die Öffnungen für Luftzufuhr.

II. Die Kohle.

Bei der Wahl der Kohlen muß man darauf achten, daß sie ordentlich ausgekohlt sind, da sie sich sonst spalten und die Probe hinausschleudern. Birken-, Linden-, auch Weidenkohle sind ungleich besser als die Kohle anderer Holzarten, die sich durch größere Festigkeit und größeren Aschegehalt auszeichnen. Man wählt immer glatte Stücke, da Astknoten enthaltende Kohlen platzen und die zu prüfende Substanz fortschleudern. Am besten ist Kohle, die aus einem großen, gleichmäßig gespaltenen Stück Kiefernholz bereitet ist; eine solche Kohle wird in Stücke gesägt, denen man die Form von Parallelopipeden gibt. Werden sie gut abgeblasen, so schmutzen sie nicht die Hände. Man gebraucht nur die Seiten, wo die Jahresringe auf der Kante stehen, weil die Flüsse auf der anderen sich auf der Oberfläche der Kohle ausbreiten.

III. Die Lötrohrlampe.

Die beste Lötrohrflamme enthält man bei Verwendung einer gewöhnlichen Kerze. Da die Kerze jedoch rasch an den Seiten abschmilzt, benötigt man einen besonderen Leuchter. Dieser wird gewöhnlich aus Kupfer gedreht und die Kerze steckt vollkommen in dem Leuchter drin. Am Boden des Leuchters steckt eine kleine Feder, die, indem sie die Kerze hochtreibt, diese beim Brennen ständig in gleicher Höhe hält. Auch die Flamme eines gewöhnlichen Spiritusbrenners kann man verwenden, nur muß man dem Spiritus einige Tropfen Benzin zuführen. Endlich kann man einen nicht großen Glaskolben mit breitem Hals in eine sogenannte „Öllampe" umwandeln, indem man den Kolben mit Öl füllt und durch den Pfropfen in ihn einen in einem Glasröhrchen steckenden Docht einführt.

Sehr gut ist die Flamme von im Brenner ohne Luftzufuhr brennendem Leuchtgas.

IV. Die Pinzette.

Bei der mineralogischen Pinzette ist der federnde Teil so eingerichtet, daß ihre Spitzen die ganze Zeit fest aufeinanderliegen und einen Mineralsplitter ohne Fingerdruck zu halten vermögen. Drückt man an, so gehen die Spitzen auseinander (Abb. 2). Die gewöhnlichen

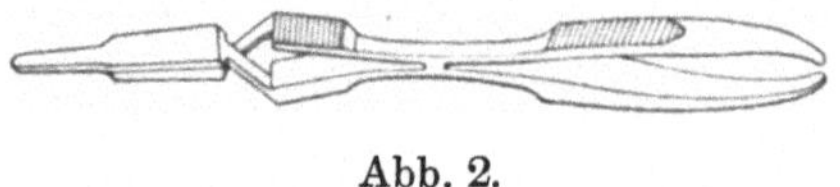

Abb. 2.

botanischen und zoologischen Pinzetten, bei denen man den Mineralsplitter nur durch Fingerdruck halten kann, sind unbequem, da man bei den Proben auf Schmelzbarkeit den Mineralsplitter sehr lange halten muß. Die Finger ermüden, die Pinzette öffnet sich und der Splitter fällt heraus. Gut ist es, wenn die Pinzette Platin- oder Nickelspitzen besitzt.

Die Pinzette muß sauber gehalten werden.

V. Der Platindraht.

Man verwendet einen Platindraht von 10—12 cm Länge und 0,1—0,3 mm Dicke. Der Draht wird in ein Glasstäbchen eingeschmolzen oder in besondere Halter gesteckt. Das freie Drahtende wird zu einem Öhr von 2—3 mm Durchmesser gebogen, was auf die Weise geschieht, daß das Drahtende um eine Blei-stiftspitze gewickelt wird (Abb. 3).

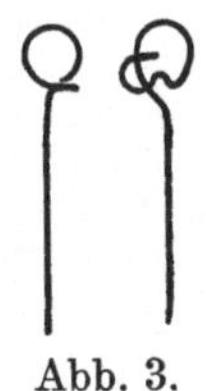

Abb. 3.

Nach Gebrauch wird der Platindraht mit Schwefelsäure angefeuchtet und ausgeglüht.

VI. Hammer, Amboß und Stichel.

Alle diese Instrumente sind notwendig, um das zu prüfende Material von Splittern zu befreien. Die Instrumente müssen aus bestem Hartstahl gefertigt sein, da sie sich sonst rasch abnutzen. Verwendet werden gewöhnlich kleine Plattnerhämmer.

VII. Die Magnetnadel.

Als Magnetnadel kann die Nadel eines beliebigen Kompasses dienen; notwendig ist es, das Glas zu entfernen. Am besten ist es, die Magnetnadel auf einer feinen, auf einem Untergestell ruhenden Nadel zu plazieren, wodurch ihre Empfindlichkeit stark gesteigert wird.

VIII. Verzeichnis der notwendigen Apparate und Gegenstände.

1. Ein Lötrohr.
2. Eine Kerze mit Leuchter oder eine Öllampe.
3. Eine mineralogische Pinzette.
4. Ein Platindraht und ein zugehöriger Halter.
5. Ein Achatmörser.
6. Ein Abichmörser (von Stahl).
7. Ein mineralogischer Hammer.
8. Ein stählerner Amboß.
9. Ein Silberplättchen.
10. Ein Magnet oder eine Magnetnadel.
11. Offene und an einem Ende zugeschmolzene Glasröhrchen.

12. Reagenzröhren (Reagiergläser).
13. Uhrengläser.
14. Ein Hornlöffel.
15. Kohlenbohrer.
16. Kohlen.
17. Eine Lupe.

IX. Verzeichnis der Reagenzien.

1. Kohlensaures Natron, Soda (Na_2CO_3).
Das Soda muß frei von Sulfaten sein. Es wird verwendet als Reduktionsmittel, als Lösungsmittel für Silikate und für den Nachweis von Manganspuren.

2. Borsaures Natron, Borax ($Na_2B_4O_7 + 10\,H_2O$).
Dient als Lösungsmittel für Metalloxyde und gibt charakteristisch gefärbte Legierungen (Glas bzw. Perlen).

3. Ammoniumnatriumphosphat, „Phosphorsalz" **($NH_4NaHPO_4 + 4\,H_2O$).**
Geschmolzenes Phosphorsalz muß zu durchsichtigem Glas schmelzen; widrigenfalls wird es durch wiederholte Kristallisation gereinigt. Es wird ähnlich wie Borax zur Erlangung gefärbter Perlen für den Nachweis von Metalloxyden und zur Gewinnung eines sogenannten Skeletts der Kieselsäure bei Untersuchungen an Silikaten verwendet.

4. Kobaltonitrat, salpetersaures Kobaltoxydul **($CON_2O_6 + 6\,H_2O$).**
Eine Lösung Kobaltonitrat (1 Teil Salz auf 10 Teile Wasser) dient für die Feststellung einiger Metalloxyde und alkalischer Erden, die beim Glühen mit der Kobaltlösung charakteristische Färbungen annehmen.

5. Zinnchlorür ($SnCl_2$) und metallisches Zinn (Sn).
Werden in Form von dünnen Blättchen (Stanniol) zur Reduktion von Metallen in Boraxperlen oder Phosphorsalz verwendet. Bei der Verwendung von Stanniol muß man die Reduktion auf Kohle und nicht im Öhr des Platindrahtes vornehmen, da Platin und Zinn eine Legierung bilden und der Platindraht hierbei Schaden leidet.

6. Kupferoxyd (CuO).
Dient dem Nachweis von Haloiden.

7. Ein Gemenge von Jodkalium und Schwefel **($KJ + S$).**
Dient dem Nachweis von Wismut.

8. Metallisches Magnesium (Mg).
Magnesium in Form eines dünnen Drahtes dient dem Nachweis von Phosphorsäure.

9. Reagenzpapier.
Rotes und blaues Lackmuspapier, Kurkuma- und Fernambukpapier.

10. Salzsäure (HCl)
11. Schwefelsäure (H_2SO_4) } 10 proz. Lösungen.
12. Salpetersäure (HNO_3)

Erster Teil.

Das Arbeiten mit dem Lötrohr.

Bei der Handhabung des Lötrohrs muß man zunächst blasen lernen, indem man die Luft nicht durch den Mund, sondern durch die Nase einatmet.

Man sammelt im Munde nicht viel Luft an, aber immerhin so viel, daß die Wangen aufgeblasen erscheinen. In dem Augenblick, wo die Luft durch die Nase eingeatmet wird, fallen die Wangen wie Blasebalgwände ein und treiben auf diese Weise Luft in das Rohr. Hierdurch wird ein ununterbrochener und gleichmäßiger Luftstrom erzielt.

Am besten ist es, für das Lötrohr die Flamme einer Kerze oder einer Öllampe zu verwenden.

I. Die Kerzenflamme.

Die Flamme einer Kerze besteht aus drei Teilen (Abb. 4).

a) Dem äußeren bläulichen, kaum leuchtenden Kegel, in dem bei einem Überschuß an Sauerstoff eine volle Verbrennung stattfindet, und wo die Temperatur ihr Maximum erreicht. Eine in diesen bleichen Kegel eingeführte Substanz wird bei Zufuhr von Sauerstoff glühen; die Substanz bildet mit ihm eine Verbindung; sie oxydiert. Tauchen wir ein Stückchen Schwefel in diese Flamme. Der Schwefel verbindet sich mit dem Sauerstoff — er brennt und bildet weiße schwefelhaltige Schwaden.

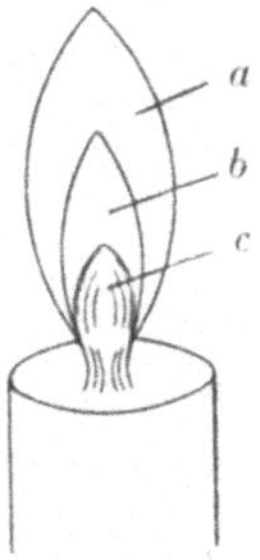

Diese Flamme bezeichnet man als **Oxydationsflamme**.

b) Dem zweiten, helleuchtenden Kegel, in dem eine unvollständige Verbrennung brennender Dämpfe vor sich geht. Die durch die Flamme zum Glühen gebrachten, zurückbleibenden Kohlenteilchen bedingen das helle Licht dieser Flamme. In dieser leuchtenden Flamme kommt die Substanz bei mangelndem Sauerstoff zum Glühen, und letzterer wird der Substanz entzogen zwecks Verbrennung des Gases. Es erfolgt eine Reduktion der Substanz, und die Flamme selbst wird **Reduktionsflamme** genannt.

Abb. 4.

c) Dem innern dunklen Kegel, der aus brennbaren Dämpfen besteht, die jedoch aus Mangel an Sauerstoff noch nicht verbrennen.

Die Kerzenflamme besitzt keine hohe Temperatur, und die meisten Mineralien erfahren in dieser Flamme keine Veränderung. Zur Erzielung einer hohen Temperatur dient das Lötrohr. Indem wir durch dieses einen Luftstrom in die Flamme blasen, steigern wir die Sauerstoffzufuhr, verstärken das Brennen und können Temperaturen bis zu 1000° erhalten.

Zu diesem Zweck wird die Lötrohrspitze in die Kerzenflamme getaucht, das Mundstück mit den Lippen fest umfaßt, die Wangen ein wenig aufgeblasen und Luft hineingetrieben, bemüht, nicht mit den Lungen, sondern mit den Wangen zu arbeiten. Mit der rechten (oder linken) Hand hält man das Rohr in der Mitte fest.

Die Lötrohrspitze wird so plaziert, daß das Blasen in der Richtung der Krümmung des Dochtendes erfolgt.

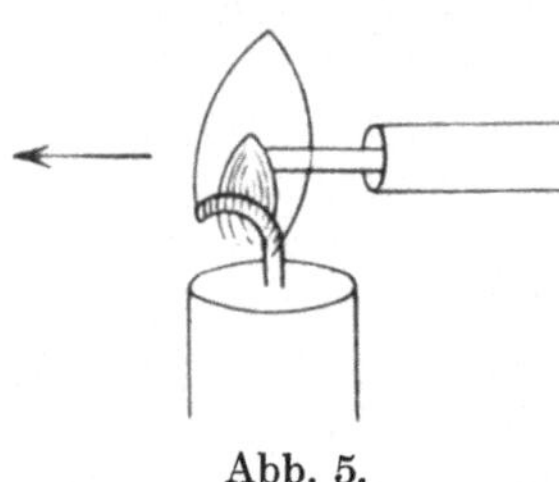

Abb. 5.

Bläst man in das Lötrohr, indem man sein Ende in $^1/_3$ Tiefe des Lichtkegels einführt, so verlängert man hierdurch das Ende der äußeren (a) oxydierenden Kerzenflamme und erhält eine starke Oxydationsflamme (Abb. 5). Das Mineral bzw. die Perle (i) kommt ein wenig vor den kaum leuchtenden Mantelsaum zu liegen.

Bläst man dagegen, den leuchtenden Kegel der Kerze kaum berührend, so verlängert man den Reduktionskegel der Flamme (b) und erhält eine gute blaue Reduktionsflamme. Das Mineral bzw. die Perle kommen un-

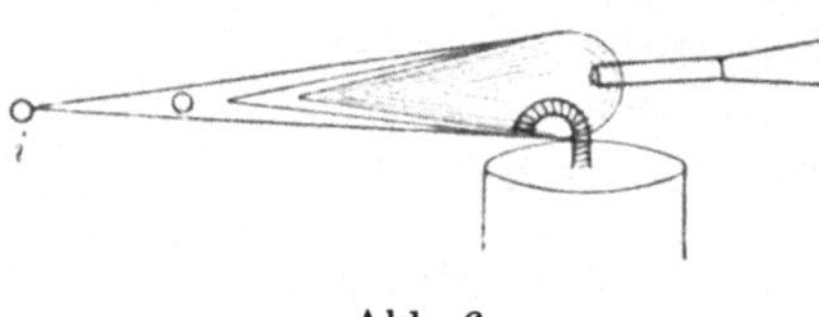

Abb. 6.

gefähr an das Ende des blauen Reduktionskegels (Abb. 6) zu liegen. Beim Arbeiten mit der Reduktionsflamme muß man dafür sorgen, daß der Mineralsplitter bzw. die Perle innerhalb des Kegels zu liegen kommt und aus demselben nicht hinausragt.

Machen sich am Ende des blauen oder an einem Teil des „farblosen" Kegels gelbe Zungen bemerkbar, so weist das darauf hin, daß entweder das Lötrohrende zu tief über dem Docht gehalten wird, oder daß ihm Stearin anhaftet, das entfernt werden muß. Zeigen sich gelbe Zungen in der Flamme, so darf die Arbeit unter keinen Umständen fortgesetzt werden, da diese Flamme rußbildend ist und eine niedrige Temperatur besitzt.

Die Kunst, die Oxydations- und Reduktionsflamme zu verwenden, bildet die Hauptaufgabe beim Erlernen der Handhabung eines Lötrohres. Die beste Übung ist das Arbeiten mit Perlen (siehe weiter unten). Am empfehlenswertesten ist es, mit der Bestimmung der Schmelzbarkeit zu beginnen, wo man beide Flammenarten noch nicht so streng zu unterscheiden braucht.

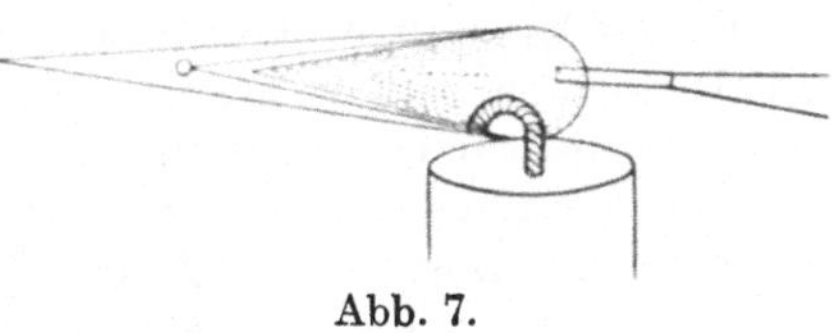

Abb. 7.

II. Prüfung auf Schmelzbarkeit.

Die Mineralien können, unter Zugrundelegung ihrer Schmelzbarkeit, in zwei große Gruppen eingeteilt werden: schmelzbare und nicht schmelzbare Mineralien. Gewöhnlich unterscheidet man eine ganze Skala der Schmelzbarkeit, und einige Anleitungen sind auf diesem Kennzeichen aufgebaut. Man kann nicht sagen, daß dieses Kennzeichen durchaus beständig ist und immer klar zum Ausdruck kommt; erstens, weil der Grad der Schmelzbarkeit eines Minerals sich unter dem Einfluß vorhandener Beimengen ändert und die gleichen Mineralien, verschiedenen Lagerstätten entnommen, mitunter einen verschiedenen Schmelzbarkeitsgrad aufweisen; zweitens, weil der Grad der Schmelzbarkeit auch von jenen chemischen Prozessen abhängt, die bei der Erwärmung des Minerals vor sich gehen.

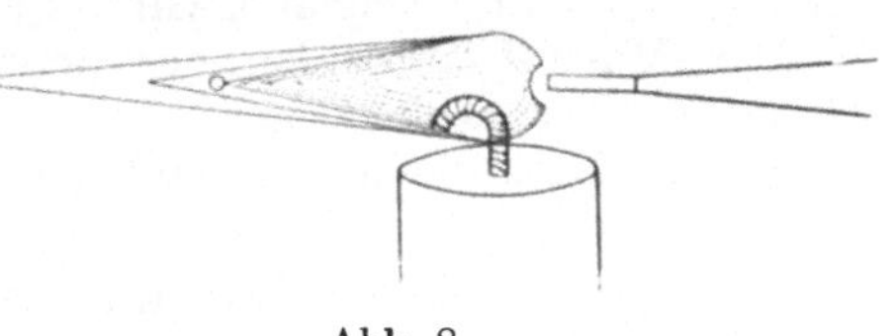

Abb. 8.

So schmilzt beispielsweise Roteisenstein in der Oxydationsflamme nicht; bei der Bearbeitung durch die Reduktionsflamme dagegen verliert er einen Teil seines Sauerstoffs und schmilzt an den Rändern.

Es genügt daher für unsere Zwecke vollkommen, zwischen schmelzbaren und nicht schmelzbaren Mineralien zu unterscheiden.

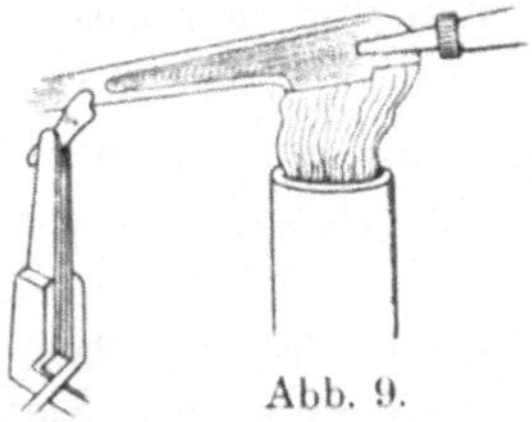

Versuch. Ein Mineralsplitter mit möglichst scharfen Kanten wird mit der Pinzette so gefaßt, daß irgendeine scharfe

Abb. 9.

Kante hervorragt. Diese Kante wird in die Flamme getaucht und zwar ein wenig vor das Ende des blauen Kegels (Abb. 8, 9). Das

Mineral kann entweder rasch schmelzen oder nur an den Rändern eine Abrundung erfahren. Ist das Mineral nicht schmelzbar, so bleiben die Ränder unverändert scharf. Hierbei muß man es mindestens 2—3 Minuten der Einwirkung der Flamme aussetzen.

Einige Mineralien platzen beim Erhitzen, was die Bestimmung der Schmelzbarkeit erschwert. In einem solchen Falle muß der Mineralsplitter in einer einseitig geschlossenen Glasröhre vorsichtig erwärmt werden, zunächst in der Kerzenflamme, dann ein wenig mit Hilfe des Lötrohrs. Auf dem Boden der Röhre sammelt sich das berstende Stück als Häufchen Splitter an. Man schüttet sie nun auf ein Stückchen Papier, sucht sich einen größeren Splitter aus, faßt ihn mit der Pinzette und kann ihn nun dreist der Einwirkung der Flamme aussetzen. Zerstäubt dagegen das Mineral zu feinem Pulver oder ist es von Natur erdig, so wird es auf einem Stück Kohle ausgeglüht (siehe weiter unten die Proben auf Kohle). Man beobachtet nunmehr, ob der Splitter ganz oder teilweise zu Schlacke verschmilzt oder ob er nur zu einer nicht schmelzbaren Masse zusammenfrittet. In letzterem Falle ist das Mineral nicht schmelzbar.

Es empfiehlt sich die Prüfung auf Schmelzbarkeit mit den folgenden Mineralien vorzunehmen: Antimonglanz, Almandin-Granat, Malachit, Bleiglanz, Gips, Quarz, Feldspat.

Das Mineral kann bei der Schmelzbarkeitsprobe ohne zu schmelzen sich verflüchtigen. Zu den leicht flüchtigen Verbindungen gehören die Arsen- und Quecksilberverbindungen.

III. Proben und Beschläge.

1. Probe mit Borax- und Phosphorsalzperlen.

Wesen der Methode. Geschmolzener Borax (und Phosphorsalz) besitzen die Eigenschaft, Metalloxyde zu lösen und sich durch sie verschieden zu verfärben.

Es löst sich Eisenoxydul in Borax nach der Formel auf

$$Na_2B_4O_7 + FeO = (BO_2)_2Fe + 2\,NaBO_2$$

oder in Phosphorsalz

$$3\,NH_4NaHPO_4 + 4\,H_2O + 3\,FeO = Na_3PO_4 + Fe_3(PO_4)_2$$
$$+ 3\,NH_3 + 7\,H_2O.$$

Hierbei wird die Perle grün gefärbt.

Versuch. Ein Platindraht von 6—7 cm Länge wird in ein Glasstäbchen oder -röhrchen eingeschmolzen. Es gibt im Handel besondere Halter, in denen der Draht an die Innenwand einer Kupferröhre gepreßt wird. Das freie Drahtende wird zu einem

Ring von 2—3 mm Durchmesser gebogen. Der Ring wird erhitzt und rasch in das Boraxpulver getaucht. Das haftengebliebene Borax wird erhitzt und, falls es nicht ausreicht, der Ring abermals in das Borax versenkt, bis das geschmolzene Borax am Drahtende ein Kügelchen von höchstens Hirsekorngröße bildet. Man muß das Kügelchen solange erhitzen, bis es nach erfolgter Abkühlung ganz durchsichtig wird.

Die Auflösung der zu untersuchenden Substanzen in der Perle erfolgt folgendermaßen: mit der heißen oder mit Wasser angefeuchteten Perle berührt man das Pulver des zur Untersuchung bestimmten Minerals und zwar in der Weise, daß eine nur kleine Probe entnommen wird. Man erhitzt das Kügelchen in irgendeiner Flamme, gleichgültig ob in der Oxydations- oder Reduktionsflamme. Ist eine Färbung nicht zu beobachten, so nimmt man noch etwas Pulver zu, bis eine solche eintritt oder es klar wird, daß die Substanz sich löst, ohne die Perle zu färben. Nachdem man auf diese Weise die Probe auf Färbung in der einen Flamme (der oxydierenden) gemacht hat, streift man die Perle ab und macht genau den gleichen Versuch in der anderen (reduzierenden) Flamme. Hervorgehoben muß werden, daß es nützlich ist, falls im Mineral Schwefel oder Arsen vorhanden sind, zunächst, vor dem Versuch auf Färbung der Perle, das Mineralpulver auf Kohle mittels Oxydations- und Reduktionsflamme gründlich zu rösten, um die vorgenannten Elemente zu entfernen, und erst dann mit dem Versuch zu beginnen.

Um den Draht nach Gebrauch von der Perle zu reinigen, genügt es, ihn in der Lötrohrflamme zu erhitzen und die Perle einfach durch eine scharfe Bewegung oder durch Aufschlagen mit dem Ballen der Hand auf den Tisch abzustreifen.

Es ist das Beste, für die Anfangsarbeiten ein manganhaltiges Mineral z. B. Rhodonit, Pyrolusit u. a. m. zu nehmen. Mangan färbt die Boraxperle in der Oxydationsflamme violett. Setzt man diese gefärbte Perle der Einwirkung der Reduktionsflamme aus, so verschwindet die Farbe, und die Perle wird völlig farblos.

Es ist dies eine vorzügliche Probe auf die Fähigkeit, mit einer genau bestimmten Flamme zu manipulieren. Die Kunst, eine violett gefärbte Manganperle farblos zu machen, ist gewissermaßen eine Prüfung für den Übergang zu weiteren Arbeiten zur Erzielung von Beschlag, Korn u. a. m.

Man muß sich hüten, zu viel Mineralpulver in die Boraxperle einzuführen, da sonst die Entfärbung nur mit großer Mühe erzielt werden kann.

Dem gleichen Zweck kann auch Molybdänsäureanhydrid dienen. Verschmilzt man eine kleine Menge davon im Öhr des Platindrahtes mit Borax in der Oxydationsflamme, so erhält man eine

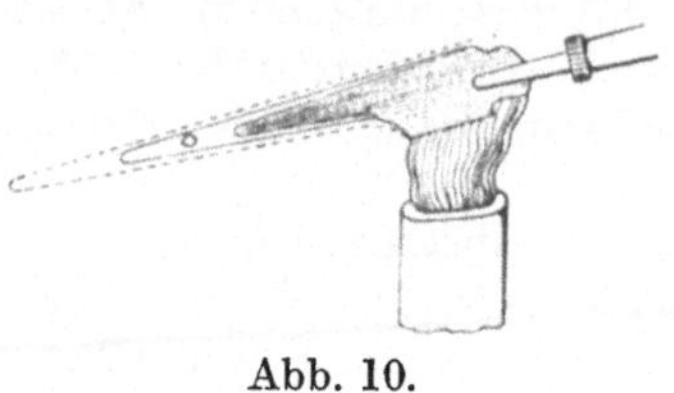

durchsichtige Perle (Abb. 10). Führt man diese in die **Reduktionsflamme** über, so wird die Perle rasch braun und bei längerem Blasen undurchsichtig. Und umgekehrt wird diese undurchsichtige Perle in der **oxydierenden Flamme** wieder heller und durchsichtig.

Abb. 10.

Phosphorsalzperlen werden ganz ähnlich wie Boraxperlen bereitet.

Man muß die Farbe der Perle nicht nur in kaltem, sondern auch in heißem Zustande beachten.

Die Elemente, die farbige Perlen ergeben, sind in der Tabelle auf S. 22 aufgeführt.

2. Probe auf Kohle.

Bei der Probe von Mineralien auf Kohle wird fein zerriebenes Mineralpulver oder ein Mineralsplitter in eine an einer Ecke der Kohle gemachte Grube gelegt und der Einwirkung der oxy-

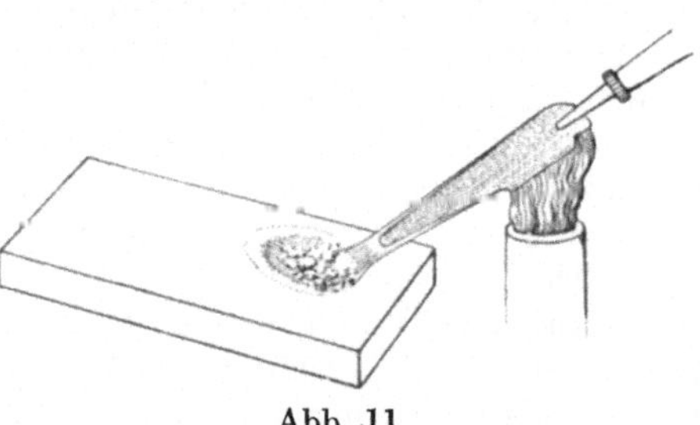

dierenden bzw. reduzierenden Flamme des Lötrohrs ausgesetzt (Abb. 11).

Das Mineralpulver wird vielfach vorher mit Soda (in dreifacher Menge) oder mit anderen Reagenzien zur Beschleunigung und Erleichterung der Reaktion vermischt.

Abb. 11.

Hierbei lassen sich beobachten: 1. Beschlag der Kohle; 2. Beschlag der Kohle und ein erschmolzenes Metallkügelchen, das als Korn bezeichnet wird; 3. ein Korn ohne Beschlag; 4. ein Korn wird nicht erschmolzen, wohl aber erhält man eine charakteristische, oft gefärbte Schlacke.

Am empfehlenswertesten ist für die Arbeiten Birkenkohle. Sie muß vorher in Stücke geschnitten und abgekantet werden in Form von kleinen Plättchen von 4—7 cm, und zwar so, daß mindestens eine glatte und ebene Fläche vorhanden ist. Die Grube braucht nur flach zu sein und muß wenigstens 1 cm vom Rande entfernt sein. Bei der Anfertigung dieser Vertiefungen bedient man sich besonderer Bohrer, aber man kann auch ohne sie auskommen. Man erlernt es leicht, diese Vertiefungen mit Hilfe eines Taschenmessers herzustellen. Die Kohle muß so gehalten werden, daß ihre Oberfläche und die Flamme einen stumpfen Winkel von mindestens $100°$ bilden. Die Flamme darf die Probe kaum berühren; keinesfalls darf sie die umliegenden Teile der Kohle in einem weiten Umkreise zum Glühen bringen. Namentlich muß man während der Beschlagbildung darauf achten, daß der vor der zu untersuchenden Substanz liegende Teil der Kohle die geringste Erwärmung und Ascheablagerung erfährt. Sonst läuft man Gefahr, einige der sich bildenden Beschläge zu übersehen.

3. Beschläge auf Kohle.

Viele von den in Mineralien enthaltenen Metallen bilden beim Erhitzen durch die Oxydationsflamme in Verbindung mit dem Sauerstoff flüchtige Oxyde, z. B.

$$PbS + 3\,O = PbO + SO_2.$$
Galenit   Bleioxyd

Indem diese Oxyde sich an den kalten Stellen der Kohle ansetzen, bedecken sie sie mit einer dünnen Schicht, den Beschlägen. Diese sind verschieden in Farbe und Eigenschaften.

Man nehme ein Stückchen Antimonglanz, lege es in die präparierte Grube auf der Kohle und setze es der Einwirkung der Flamme (ihres heißen Teiles) aus. Bald beginnt Rauch aufzusteigen, es entweicht das Antimonoxyd.

Die Reaktion verläuft nach der Gleichung

$$Sb_2S_3 + 9\,O = Sb_2O_3 + 3\,SO_2.$$
weißer Beschlag

Bemühen wir uns, die Kohle so einzustellen, daß wir möglichst viel von diesem Rauch mif der Kohlenoberfläche „abfangen" können, auf der er sich auch tatsächlich als weißer Anflug niedersetzt. Bestreichen wir ihn mit der oxydierenden Flamme, so wird er rasch vertrieben. Bei einer kurzen Einwirkung auf den Beschlag mit der Reduktionsflamme verschwindet dieser, eine grüne Spur hinterlassend.

Nehmen wir nunmehr ein Stückchen Wismutglanz oder gediegenes Wismut (falls solche nicht zur Hand sind, kann man metallisches Wismut nehmen, das in Drogerien zu kaufen ist). Wir erhitzen die Substanz in der Lötrohrflamme. Rauch wird nicht sichtbar; dagegen setzt sich auf der Kohle ein Anflug — Wismutoxyd — nieder. Dieser, zunächst noch heiße, Beschlag ist orangefarben, nach erfolgter Abkühlung — zitronengelb. Der

Anflug ist leicht zu vertreiben, sowohl mit der oxydierenden, als auch der reduzierenden Flamme, ohne eine farbige Spur zu hinterlassen.

Einen für Wismut noch charakteristischeren Beschlag erhält man, wenn man die Probe im Mörser zerkleinert und sie mit Jodkalium und Schwefelblumen (1 Teil Probe, 1 Teil Jodkalium und 1 Teil Schwefel) vermengt. Dieses Gemisch wird mit einer oxydierenden Flamme bearbeitet, und man erhält auf der Kohle einen hübschen roten Rand. In dem vorliegenden Falle wird Wismutjodid flüchtig, setzt sich auf der Kohle nieder und liefert diesen charakteristischen roten Anflug. (Siehe Beschlagtabelle S. 27.)

4. Beschläge in einer einseitig geschlossenen Glasröhre.

Einige Beschläge auf Kohle werden durch Anflüge in einer, an einem Ende verschlossenen Glasröhre ergänzt und kontrolliert. Die Quecksilberverbindungen verflüchtigen sich auf Kohle vollständig und können überhaupt nur bei Verwendung von Glasröhren festgestellt werden. Man nimmt eine Glasröhre mit einer Öffnung von höchstens $1/2$ cm im Durchmesser und von 8—10 cm Länge. An dem einen Ende wird sie geschlossen, was man leicht mit dem Lötrohr bewerkstelligen kann. Erwünscht ist, daß sie am geschlossenen Ende eine kugelförmige Vertiefung ähnlich wie beim Thermometer erhält, zu welchem Zweck man das geschlossene Ende zum Glühen bringt und in das freie Ende hineinbläst, auf diese Weise den Boden zu einer Kugel erweiternd. Vor der Verwendung wird das Glasrohr angewärmt, um Feuchtigkeit zu entfernen, indem man das Rohr langsam, von der Kugel beginnend, von der Kerzenflamme bestreichen läßt.

Streichen wir den weißen Arsenbeschlag von der Kohle auf ein Stück Papier ab, recht vorsichtig, um möglichst wenig Kohle mitzugreifen. Sodann nehmen wir von dem heruntergekratzten Pulver ein wenig auf die Messerspitze, schütten es in die einseitig geschlossene Glasröhre und erhitzen deren Boden an der Lötrohrflamme.

Das weiße Arsentrioxyd zerfällt infolge der Hitze, und das metallische Arsen verflüchtigt sich, setzt sich an der kalten Rohrwand nieder, ungefähr 1 cm von der erwärmten Stelle.

Betrachten wir nunmehr die Glasröhre in reflektiertem Licht. Dort, wo das Arsen sich niedersetzte, bemerken wir einen glänzenden dunkelmetallischen Rand. Dieser wird als Arsenspiegel bezeichnet. Indem wir diese Stelle erhitzen, können wir den Spiegel leicht höher treiben.

Machen wir das gleiche mit dem Antimonbeschlag, so erhalten wir den Antimonspiegel, dessen Eigenschaften jedoch andere sind. Erstens bildet er sich unmittelbar neben der zum Glühen gebrachten Stelle; zweitens ist er von silberweißer Farbe und drittens läßt er sich nicht von einer Stelle zur anderen treiben.

Zur Bestimmung von Quecksilber wird das Mineralpulver mit einer dreifachen Menge Soda vermischt und in einer an einem Ende geschlossenen Glasröhre erhitzt. Das Quecksilber sammelt sich an den kalten Stellen der Röhre in Form glänzender weißer Kügelchen an.

IV. Gewinnung eines Metallkorns; gefärbte Schlacken; Schwefelleber.

I. Gewinnung eines Metallkorns.

Aus vielen Schwermetalle enthaltenden Mineralien läßt sich auf Kohle das Metall selbst in Form eines Kugelkorns erschmelzen.

Das Mineralpulver wird mit der dreifachen Sodamenge vermischt. Eine Prise der Mischung wird in die Vertiefung der Kohle (siehe oben „Probe auf Kohle") gebracht und mit der Reduktionsflamme bearbeitet. Wenn die Mischung nicht in der Vertiefung verbleibt, sondern unter der Einwirkung der Flamme zerstäubt, kann man die Mischung mit Wasser anfeuchten und sie in eine teigartige Masse umwandeln.

Erfolgt eine Reaktion, so wird die Masse zu einem Schlackekuchen verschmolzen. Allmählich rundet sich die Schlacke, ihr Umfang verringert sich und in ihr taucht ein glänzendes Metallkügelchen auf.

Es ist von Nutzen, die Schlacke mit der Pinzette umzukehren, sie in eine neue Vertiefung zu verbringen und in schwierigeren Fällen, wenn das Erscheinen des Metalls lange auf sich warten läßt, die Schlacke gut zu verkleinern und erneut zu verschmelzen.

Sobald das Korn unter der Schlackenmasse klar erkenntlich ist, kann man die Schlacke, um die Arbeit zu beschleunigen, herausnehmen, das Korn herauskratzen und erneut solange bearbeiten, bis man ein von Schlacke freies Kügelchen erhält.

Hierauf untersucht man das Korn.

1. Probiert man es auf Geschmeidigkeit. Man legt das Korn auf eine Eisen- oder Stahlplatte und bearbeitet es leicht mit dem Hammer. Geschmeidige Metalle lassen sich zu dünnen Blechen hämmern; spröde Metalle zerbröckeln.

2. Macht man die Beschlagprobe auf Kohle.

3. Macht man die Probe auf Flammenfärbung.

Am leichtesten läßt sich die Erschmelzung des Bleikorns bewerkstelligen. Die ersten Arbeiten werden daher mit Bleierzen vorgenommen: Zerussit, Bleiglanz. Wesentlich schwieriger ist die Gewinnung des Kupferkorns. Erforderlich ist ein andauerndes, ununterbrochenes Blasen. Die Gewinnung des Kupferkorns dient gerade als Beweis für Geschicklichkeit in der Handhabung des Lötrohrs. Als Material dient hierfür gewöhnlich Malachit.

Siehe Tabelle der Korneigenschaften S. 33.

2. Gefärbte Schlacken.

Mineralien, die, wenn auch nur in unbedeutenden Mengen, Mangan oder Chrom enthalten, liefern auf Kohle kein Korn. Vermischt man sie jedoch mit verschiedenen Mengen Soda oder Salpeter, so erhält man gefärbte Schlacken.

Manganverbindungen ergeben bei Verschmelzungen mit Soda und Salpeter eine grüne Schlacke.

Chromverbindungen liefern eine gelbe Schlacke. In letzterem Falle ist es besser, die Masse im Öhr des Platindrahtes zu verschmelzen, da Kohle die Schlacke verunreinigt und ihre Farbe verfälscht.

3. Schwefelleber.

Schwefelhaltige Mineralien liefern beim Verschmelzen mit Soda auf Kohle (3 Teile Soda, 1 Teil Mineral) eine Schlacke, die auf eine Silberplatte (Münze) plaziert, nach Befeuchtung mit Wasser einen schwarzen Fleck von Schwefelsilber ergibt, z. B.

$$PbS \text{ (Galenit)} + Na_2CO_3 = Na_2S + PbO + CO_2 \text{ und weiter}$$
$$Na_2S + 2\,Ag + H_2O + O = Ag_2S + 2\,NaOH.$$
$$\text{schwarzer Fleck}$$

(Siehe das Kapitel „Die wichtigsten Reaktionen".) Die seltenen Elemente Selen und Tellur liefern gleichfalls auf einer silbernen Platte einen dunklen Fleck von Tellur- bzw. Selensilber. Seltene, diese Elemente enthaltende Mineralien gehören gleichfalls zu dieser Gruppe.

V. Prüfung auf Flammenfärbung; Reaktion auf Chlor; Bestimmung von Wasser in den Mineralien.

1. Prüfung auf Flammenfärbung.

Flüchtige Verbindungen vieler Metalle verfärben die Flamme. Man macht sich diese Eigenschaft zum Zwecke ihrer Feststellung zunutze. Ein Mineralsplitter wird am Platindraht befestigt (man kann ihn mit der Pinzette greifen, nur muß diese dann mit Platinspitzen versehen sein). Hierauf wird der Splitter mit

Salzsäure benetzt und in die oxydierende Flamme getaucht. Das im Mineral enthaltene Metall geht unter dem Einfluß der Salzsäure im Augenblick der Erwärmung in eine Chlorverbindung über. Chlorverbindungen von Metallen sind flüchtig, und die Flamme verfärbt sich intensiv in dem Moment, wo die Verdampfung der Salzsäure ihr Ende erreicht.

Ist die Salzsäure verdampft, so muß man den Mineralsplitter erneut mit Salzsäure befeuchten, zu welchem Zwecke man ihn am Draht in ein Glas mit Salzsäure taucht.

Gut studiert muß die Verfärbung der Flamme durch Calcium (Gips, Calcit) werden. Man muß sie praktisch mit der Flammenfärbung durch Lithium und Strontium, sowie durch Kupfer und Baryum vergleichen.

2. Reaktion auf Chlor.

Zur Erkennung von Chlor wird ein Splitter des zu untersuchenden Minerals zu Pulver verrieben. Sodann nimmt man eine Boraxperle und sättigt sie mit Kupferoxyd, wobei man soviel Kupferoxydpulver in die erwärmte Perle bringt, bis diese ganz schwarz wird. Hierauf wird die Perle erneut erwärmt, und es wird ihr ein wenig Pulver des zu untersuchenden Minerals beigeschmolzen. Nach diesem Zusatz wird die Perle in die Flamme des Lötrohrs geleitet. Ist in dem Mineral Chlor vorhanden, so bildet sich flüchtiges Chlorkupfer, und die Flamme verfärbt sich daher himmelblau. Vor dem Versuch muß das Kupferoxyd auf seine Reinheit hin geprüft werden.

3. Bestimmung von Wasser in den Mineralien.

Zum chemischen Bestand vieler Mineralien gehört Wasser. Mitunter ist seine Menge unbedeutend, insgesamt nur wenige Prozent. Mitunter bildet Wasser dagegen den wesentlichen Teil des Minerals und macht bis zu 60 vH seiner Bestandteile aus. Das Wasser wird bei Erhitzung des Minerals in einem an einem Ende zusammengeschmolzenen Rohr leicht erkannt. Es verdampft und bildet Tropfen an den kalten Stellen des Rohrs.

Versuch. Man nimmt eine an einem Ende zusammengeschmolzene Glasröhre von höchsens $^1/_2$ cm Durchmesser und 8—10 cm Länge. Zunächst wird das Rohr vorgewärmt. Die Vorwärmung geschieht über der Flamme einer Kerze oder Öllampe und zwar am geschlossenen Ende beginnend. Dann läßt man das Rohr abkühlen. Nach erfolgter Abkühlung wirft man einen Mineralsplitter von der Größe eines Weizenkorns auf den Boden, und dieser wird in der Lötrohrflamme erhitzt. Das Wasser verflüchtigt sich rasch und setzt sich an den kalten Wandungen nieder. Beginnen die angesetzten Tropfen auf den Boden zu fließen, so sagt man, das Mineral enthalte viel Wasser. Setzt sich an den Wandungen dagegen nur feiner Schweiß in Form eines schmalen Randes nieder, so ist dies ein Zeichen dafür, daß nur Spuren von Wasser vorhanden sind. In dazwischenliegenden Fällen wird einfach konstatiert, daß Wasser in dem Mineral vorhanden ist.

Es empfiehlt sich die Bestimmung von Wasser an folgenden Mineralien zu probieren: Malachit, Gips, Talkum, Brauneisenstein.

VI. Probe mit Kobaltlösung.

Wenn ein Mineral nach erfolgtem Ausglühen auf der Kohle einen weißen Niederschlag hinterläßt, so benetzt man es nach gründlichem Ausglühen ein wenig mit 2—3 Tropfen einer Lösung von salpetersaurem Kobaltoxydul und setzt es dann erneut der Einwirkung durch eine stark oxydierende Flamme aus. Nach Abkühlung der Masse beobachtet man die erhaltene Färbung. Ist ein Mineral farblos und an sich genügend porös, so kann man die Untersuchung vornehmen, ohne das Mineral zu Pulver zu zerreiben.

Die Reaktion erfolgt (beispielsweise bei einem Tonerde enthaltenden Mineral) nach der Gleichung

$$Al_2O_3 + Co(NO_3)_2 = \underset{\text{Gas}}{N_2O_5} + \underset{\text{blau}}{Al_2O_3CoO}.$$

Bei einem Überschuß an $Co(NO_3)_2$ erhält man beim Ausglühen

$$3\,Co(NO_3)_2 - \underset{\text{schwarz}}{Co_3O_4} + 3\,NO_2.$$

Die schwarze Farbe verdunkelt die Reaktion; deshalb muß man einen Überschuß an salpetersaurem Kobaltoxydul vermeiden.

Das mit einer Lösung von salpetersaurem Kobaltoxydul benetzte und stark ausgeglühte Mineral liefert nach erfolgter Abkühlung:

1. Eine blaue, nicht schmelzbare Masse.

a) Eine mit Salzsäure benetzte und in den farblosen Teil der Lötrohrflamme eingeführte Probe ruft keinerlei Verfärbung der Flamme hervor, und das in der Phosphorsalzperle aufgelöste Mineral offenbart kein Kieselsäureanhydrid: Tonerde.

b) Eine mit Salzsäure benetzte und in den farblosen Teil der Lötrohrflamme eingeführte Probe ruft eine gelblichgrüne Verfärbung der Flamme hervor: Phosphorsaure Erden.

c) Ein in einer Phosphorsalzperle aufgelöstes Mineral fördert Kieselsäureanhydrid zutage: Kieselsaure Erden.

2. Blaues Glas.

Ein mit Schwefelsäure benetztes, in den farblosen Teil der Lötrohrflamme gestecktes Mineral ruft eine intensive grüne Verfärbung der Flamme hervor: **Borsäurealkali.**

3. Eine fleischrot gefärbte, nicht schmelzbare Masse: Magnesium.

4. Eine violett gefärbte Masse: Zirkonsaure Erden.

5. Eine grüne Masse: Zinkoxyd, Zinn und Antimon.

VII. Nachweis von Kieselsäure.

Versuch. Die Kieselsäure kann bei der Analyse einen charakteristischen gallertartigen bzw. flockenartigen Niederschlag, sog. nicht lösliche Kieselsäure, liefern. Von der Gewinnung dieser Niederschläge muß bei der Analyse ausgegangen werden.

Versuch. Es ist dies eine der wichtigsten Bestimmungen. Es ist wichtig, sie aufmerksam zu studieren.

1. Gelatine. Eine Prise fein zerriebenen Mineralpulvers wird in ein Reagenzglas geschüttet und mit Salzsäure übergossen, hierauf leicht angewärmt. Das Pulver wird hierbei ganz oder zum Teil aufgelöst. Nunmehr wird die Lösung vorsichtig über einem kleinen Feuer abgedampft. Zum Schluß bleibt im Reagenzglas Gallerte übrig.

Die Reaktion verläuft folgendermaßen:

$$R_2SiO_3 \text{ (wo R irgendein Metall bedeutet)} + 2\,HCl = H_2SiO_3 + 2\,RCl;$$
$$H_2SiO_3 = SiO_2 + H_2O.$$

2. Verschmelzung mit Soda. Das Mineral wird gründlich zu Pulver zerrieben. Am besten geschieht solches in dem Achatmörser. Eine Prise Pulver wird im Mörser mit der dreifachen Menge Soda vermischt. Das Gemenge wird im Öhr des Platindrahtes oder auf Kohle geschmolzen, nur muß im letzteren Falle die Schlacke vorsichtig herausgenommen werden, um keine Kohlenteilchen mitzureißen, die die Lösung verunreinigen. Es handelt sich um die folgende Reaktion:

$$R_2SiO_3 + Na_2CO_3 = Na_2SiO_3 + 2\,RCO_3$$
Lösbares Salz

$$Na_2SiO_3 + 2\,HCl = 2\,NaCl + H_2SiO_3$$

$$H_2SiO_3 = SiO_2 + H_2O.$$

Man verreibt die Schmelze zu Pulver und löst sie im Reagenzglas in 2 ccm einer schwachen Salzsäurelösung auf. Hierauf wird die Lösung bis zu völliger Trockenheit verdampft. Der im Reagenzglas verbleibende Rest wird in 5 ccm Wasser aufgelöst, die durch einen Tropfen schwacher Salzsäure angesäuert sind.

Ist Kieselsäure vorhanden, so schwimmt in der Lösung ein leichter flockenartiger weißer oder gelblicher Niederschlag herum, der im Kieselsäureanhydrid nicht löslich ist, das selbst bei einem Vorkommen von nur 3 vH im Mineral leicht festzustellen ist. Nützlich ist, der Lösung einen Tropfen Fuchsin beizumengen. Die Kieselsäure, namentlich die gallertartige, saugt das Fuchsin gierig auf und gibt es auch beim Spülen nicht ab.

Kontrolle. Die alte Methode der Bestimmung von Kieselsäureanhydrid bestand darin, daß ein Mineralsplitter in einer Phosphorsalzperle aufgelöst wurde und, falls Kieselsäureanhydrid vorhanden war, dies in der Perle als „Skelett der Kieselsäure", d. h. Skelett des Mineralsplitters, verblieb. Die Methode der Bestimmung von Kieselsäure — Auflösung des zu untersuchenden Minerals in einer Phosphorsalzperle und Gewinnung des Skeletts der Kieselsäure — führt nicht immer zum Ziel, da Kieselsäure zum Teil in Phosphorsalz sich auflöst.

Lösen wir Navellit, Monazit, Apatit und viele andere Mineralien in Form dünner Splitter in der Phosphorsalzperle bis zur Sättigung dieser auf, so erkennen wir den Rest in Form einer zerfressenen netzartigen Masse, der leicht für das Skelett der Kieselsäure gehalten werden kann.

Ergibt das mit Soda verschmolzene Mineral eine farblose Perle, so muß man, um das Vorhandensein von Kieselsäure feststellen zu können, die Perle mit einer Kobaltlösung anfeuchten und in der oxydierenden Lötrohrflamme erwärmen. Die smalteblaue Färbung der Perle weist deutlich auf das Vorhandensein von Kieselsäure hin.

VIII. Die wichtigsten Reaktionen.

In diesem Kapitel werden die Methoden zur Bestimmung der wichtigsten Elemente und Verbindungen, die zu den Bestandteilen der Mineralien gehören, behandelt und systematisiert. Außerdem sind im Anschluß an die Darstellung der Reaktionen des betreffenden Elements bzw. der betreffenden Verbindung einige Mineralien aufgeführt, die dieses Element oder diese Verbindung als wichtigsten Bestandteil enthalten.

1. Nachweis von Schwefel.

Erzmineralien sind meistens Schwefelverbindungen.

Es ist dies eine umfangreiche und wichtige Klasse der Mineralien. Die Schwefelreaktion ist daher eine der wichtigsten Reaktionen und muß als solche auf das gründlichste studiert werden.

Probe. Die Verbindung von Schwefel und Natrium, das Schwefelnatrium, mit Wasser befeuchtet und auf eine Silberplatte gelegt, wirkt auf diese durch Abgabe von Schwefel und Hinterlassung eines schwarzen, von Schwefelsilber gebildeten Flecks. In der Oxydationsflamme ausgeglühte Schwefelmineralien werden daher, als Gemenge mit Soda, reduziert, d. h. sie geben Schwefel ab, der sich mit dem Natrium der Soda zu Schwefelnatrium verbindet. Es genügt, die in der Reduktionsflamme ausgeglühte Schlacke auf eine Silbermünze zu placieren, um an dem schwarzen Fleck des Schwefelsilbers das Vorhandensein von Schwefel zu erkennen.

Durchführung der Probe. Das Mineral wird zu Pulver zerrieben und mit der dreifachen Menge Soda vermengt. Es folgt ein 3—5 Minuten dauerndes Ausglühen auf Kohle durch die Reduktionsflamme: Die Schlacke wird auf eine vorher mit Kreide oder einem Lappen blankgeriebene Silbermünze übertragen und wird mit einem Tropfen Wasser (oder etwas Speichel) angefeuchtet. Der schwarze Fleck bildet sich fast augenblicklich.

Etwas schwieriger ist die Bestimmung von Schwefel in schwefelsauren Mineralien wie Gips, Baryt u. a. m. Die Reduktion erfolgt mit großer Mühe, und der schwarze Fleck entsteht bei nicht anhaltendem Glühen in einer reinen Reduktionsflamme nicht, trotz Vorhandenseins von Schwefel. In einem solchen Falle zeitigen eine etwas größere Menge Soda und ein gründliches Ausglühen gute Ergebnisse.

2. Nachweis von Eisen.

Die Boraxperle ist im Reduktionsfeuer (s. S. 24) von flaschengrüner Farbe, gibt weder Beschlag noch Metallkorn. Sind im Mineral mehr als 10—15 vH Eisen enthalten, so erwirbt der auf Kohle im Reduktionsfeuer ausgeglühte Mineralsplitter magnetische Eigenschaften, d. h. er wird von einer Magnetnadel angezogen.

3. Nachweis von Kupfer.

Die Boraxperle ist im Oxydationsfeuer (s. S. 23) von blauer Farbe. Erhitzt man eine gesättigte blaue Boraxperle über einer Kerzenflamme, indem man die Perle an die äußere Grenze des leuchtenden Kegels hält, so erfolgt eine rasche und leichte Reduktion des Kupfers, und die Perle wird rot im reflektierten Licht und undurchsichtig (Abb. 12).

Beschlag gibt sie nicht. Die Flammenfärbung ist grün (s. S. 33). Das Metallkorn ist rot,

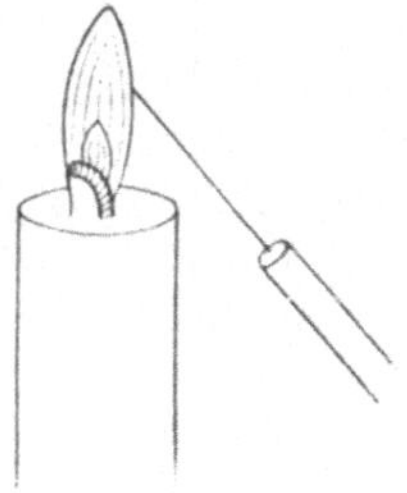

Abb. 12.

geschmeidig (s. S. 33). Zu den kupferhaltigen Mineralien gehören:
gediegenes Kupfer, Kupferglanz, Buntkupfererz, Kupferkies, Fahlkupfererz, Rotkupfererz, Kupferlasur, Malachit.

4. Nachweis von Blei.

Grünlichgelber Beschlag (s. S. 28). Das Metallkorn grau, geschmeidig (s. S. 33). Boraxperle und Flammenfärbung sind nicht
charakteristisch.

Bleihaltige Mineralien sind: Bleiglanz, Cerussit.

5. Nachweis von Zinn.

Der weiße Beschlag ist kaum zu sehen, da er sehr unbedeutend ist. Das Metallkorn wird bei anhaltendem Blasen erschmolzen (s. S. 33). Zinnhaltige Mineralien: Zinnstein.

6. Nachweis von Quecksilber.

(S. S. 13.) Quecksilberhaltige Mineralien: Zinnober.

7. Nachweis von Antimon.

Beschlag weiß, flüchtig (s. S. 28). Metallkorn weiß, spröde
(s. S. 33). Antimonhaltige Mineralien: Antimonit, Fahlkupfererz).

8. Nachweis von Wismut.

Beschlag zitronengelb (s. S. 28). Metallkorn rötlichweiß, geschmeidig. Wismuthaltige Mineralien: gediegen Wismut, Wismutglanz, basischer Wismut.

9. Nachweis von Arsen.

Knoblauchgeruch beim Erhitzen. Beschlag weiß, leicht flüchtig
(s. S. 27). Arsenspiegel (s. S. 12).

Arsenhaltige Mineralien: Auripigment, Realgar, Arsenkies.

10. Nachweis von Zink.

Beschlag weiß, nicht flüchtig (s. S. 27). Der mit Kobaltlösung
ein wenig befeuchtete Beschlag (man vermeide ein Zuviel) wird
beim Glühen grün. Diese Reaktion mißlingt oft. Um ein Zuviel an Kobaltlösung zu vermeiden, ist es das Beste, ein Stückchen Filtrierpapier in der Lösung anzufeuchten und mit ihm
den Beschlag leicht zu überstreichen.

Zinkhaltige Mineralien: Zinkblende, Zinkspat.

11. Nachweis von Mangan.

Die Boraxperle ist im Oxydationsfeuer von violetter Farbe
(s. S. 23). Ergibt mit Soda und Salpeter eine grüne Schlacke

(s. S. 14). Die Flamme liefert weder einen Beschlag, noch ein Metallkorn und Färbung.

Manganhaltige Mineralien: Pyrolusit, Hartmanganerz, Rhodonit.

12. Nachweis von Nickel.

Die Boraxperle ist im Reduktionsfeuer gelb (s. S. 23). Nickelhaltige Mineralien: Rewdanskit.

13. Nachweis von Magnesium.

1. Magnesiumhaltige Mineralien leuchten stark beim Glühen in dünnen Splittern.

2. Man nimmt ein Mineralpulver, benetzt es mit einer Kobaltlösung und glüht es gründlich aus. Die fleischfarbene Schlacke weist auf das Vorhandensein von Magnesium. Natürlich ist diese Reaktion nur anwendbar, wenn das Mineralpulver an sich beim Ausglühen keine dunkle oder gefärbte Masse liefert, die die Färbung durch Kobalt verschleiert.

Andere zuverlässige Reaktionen sind nicht vorhanden. Zu den Magnesium enthaltenden Mineralien gehören: Talkum, Speckstein, Magnesiaglimmer, Chlorit, Dolomit, Magnesit, Serpentin, Chrysotil, Hornblendeasbest, Aktinolith, Hornblende, Spinell.

14. Nachweis von Calcium.

Ein im Reduktionsfeuer in der Zange oder auf Kohle ausgeglühter Mineralsplitter gibt eine alkalische Reaktion, d. h. er hinterläßt, auf ein feuchtes, rotes Lackmus- bzw. Kurkumapapier gelegt, einen blauen oder braunen Fleck. Liefert das Mineral eine alkalische Reaktion, so wird das Calcium auf Grund der ziegelroten Färbung der Flamme festgestellt (s. S. 32).

Calciumhaltige Mineralien sind: Gips, Kalkspat, Dolomit, Anhydrid, Apatit, Labrador, Augit, Hornblende.

15. Nachweis von Baryum.

Gibt, wie Calcium, eine alkalische Reaktion. Die Flammenfärbung ist grünlich (s. S. 32). Baryumhaltige Mineralien: Baryt.

16. Nachweis von Kobalt.

Ergibt mit Borax eine blaue Perle (s. S. 23). Beim Glühen mit Soda auf Kohle erhält man ein magnetisches Metallkorn (wird von einer Magnetnadel angezogen). Kobalthaltige Mineralien: Kobaltglanz, Kobaltblüte.

17. Nachweis von Chrom.

Die Boraxperle ist smaragdgrün (s. S. 24). Bei der Schmelze mit Soda und Salpeter erhält man eine gelbe Schlacke (s. S. 14). Chromhaltige Mineralien: Chromeisenerz.

18. Nachweis von Aluminium.

Aluminium kann nicht entfernt in allen Mineralien, in denen es enthalten ist, festgestellt werden. Das Mineral wird nach vorherigem Benetzen mit Kobaltlösung gründlich ausgeglüht. Man kann einen Mineralsplitter in einer kleinen Zange haltend oder in Pulverform auf Kohle glühen. Tonerdehaltige Mineralien nehmen blaue Färbung an. Es ist klar, daß die Reaktion gelingen kann, wenn das Mineral nicht schmelzbar ist und ausgeglüht an sich eine weiße bzw. schwach gefärbte Masse ergibt. Die Färbung ist nach Abkühlung der Probe und bei Tageslicht zu sehen. Aluminiumhaltige Mineralien, bei denen das Aluminium auf die vorerwähnte Methode bestimmt wird, sind: Kaolin, Bauxit, Topas und Korund.

19. Nachweis von Kohlensäure.

Kohlensäurehaltige Mineralien lassen sich in einer schwachen Salzsäurelösung, oft unter Zischen, auflösen.

Kohlensäurehaltige Mineralien sind: Kalkspate, Aragonit, Malachit, Siderit, Magnesit, Dolomit, Cerussit, Zinkspat.

20. Nachweis von Phosphor.

Das ausgeglühte Mineralpulver wird mit Magnesiumpulver vermengt oder man schüttet es mit einem kleinen Magnesiumstreifen in ein kleines, einseitig geschlossenes Glasröhrchen, das man (mit der Zange haltend) in der Lötrohrflamme erhitzt. Die geschmolzene Masse feuchtet man in einem Schälchen mit Wasser an und zerdrückt sie. Der Geruch nach faulem Fisch beweist das Vorhandensein von Phosphor.

Phosphorhaltige Mineralien: Blaueisenerz, Apatit, Phosphorit, Türkis.

IX. Orientierungstabellen.

1. Borax- oder Phosphorsalzperlen.

Bei der Einwirkung der Oxydations- und Reduktionsflamme auf ein in der Boraxperle aufgelöstes Mineral erhält man eine gefärbte Perle:

a) Die Perle hat eine deutlich ausgesprochene und ganz bestimmte Farbe, sowohl bei schwacher als auch bei starker Sättigung der Perle durch das zu prüfende Mineral.

b) Die Perle hat keine deutlich ausgesprochene Farbe.

a) Die Perle hat eine deutlich ausgesprochene Farbe.

Perle im Oxydationsfeuer, heiß: grün.
„ „ „ kalt: bläulichgrün.
„ „ Reduktionsfeuer, heiß: farblos.
„ „ „ kalt: rotbraun.
Kupfer.

Kontrollprüfung. Eine neue Mineralprobe wird auf Kohle mit einer Phosphorsalzperle verschmolzen. Bei Einwirkung der Oxydationsflamme ist die erhaltene Perle in heißem Zustande grün, in kaltem blau. Durch Zinn reduziert, nimmt sie eine rötlichbraune (trübe) Färbung an. Weist die reduzierte Perle eine schwarze Färbung auf, so ist anzunehmen, daß neben Kupfer Antimon oder Wismut vorhanden sind, d. h. die Probe war ursprünglich nicht genügend geröstet. Man muß daher letztere entfernen, indem man die Probe mit Borsäure in der Oxydationsflamme bearbeitet.

Perle im Oxydationsfeuer, heiß: blau.
„ „ „ kalt: „
„ „ Reduktionsfeuer, heiß: „
„ „ „ kalt: „
Kobalt.

Kontrollprüfung. Das auf Kohle reduzierte Metall wird auf Papier mit Salpetersäure übergossen, wobei das sich bildende Kobaltoxydul auf Papier einen roten Fleck hinterläßt, der bei Befeuchten mit Salzsäure und nachfolgendem Trocknen eine grüne Farbe annimmt. Beim Beeuchten mit Wasser verliert der Fleck nahezu seine Farbe.

Perle im Oxydationsfeuer, heiß: violett, fast schwarz.
„ „ „ kalt: rotviolett.
„ „ Reduktionsfeuer, heiß: farblos.
„ „ „ kalt: farblos (mitunter rosa).
Mangan.

Kontrollprüfung. Beim Schmelzen des Minerals mit Soda und Salpeter erhält man eine grüne Masse.

Perle im Oxydationsfeuer, heiß: violett.
„ „ „ kalt: rotbraun.
„ „ Reduktionsfeuer, heiß: gelblichgrau.
„ „ „ kalt: „
Nickel.

Kontrollprüfung. Das auf Kohle reduzierte und mit Salpetersäure auf Löschpapier bearbeitete Metall gibt eine grüne Lösung, die nach Aufschließung mit Soda einen Fleck von apfelgrüner Farbe liefert.

Perle im Oxydationsfeuer, heiß: rot (bei schwacher Sättigung gelb).
„ „ „ kalt: farblos.
„ „ Reduktionsfeuer, heiß: grün.
„ „ „ kalt: flaschengrün.

Eisen.

Kontrollprüfung. Das auf Kohle reduzierte Metall hinterläßt auf Löschpapier, nach Befeuchten mit Salz- oder Salpetersäure, einen gelben Fleck, der bei Benetzung mit einer Lösung von gelbem Blutlaugensalz blaue Farbe annimmt.

Perle im Oxydationsfeuer, heiß: rot (bei schwacher Sättigung gelb).
„ „ „ kalt: farblos.
„ „ Reduktionsfeuer, heiß: grün.
„ „ „ kalt: flaschengrün.

Uran.

Kontrollprüfung. Perle mit Phosphorsalz im Oxydationsfeuer, heiß: gelb, kalt: gelbgrün; im Reduktionsfeuer, heiß: schmutziggrün, kalt: rötlichgrün (im Gegensatz zu Eisen).

Perle im Oxydationsfeuer, heiß, rot (bei schwacher Sättigung gelb).
„ „ „ kalt: farblos (bei starker Sättigung opalfarben).
„ „ Reduktionsfeuer, heiß: braun.
„ „ „ kalt: braun und trübe.

Molybdän.

Kontrollprüfung. Bei Bearbeitung von Schwefelsäure im Reagenzglas oder Platinlöffel färbt das Molybdänanhydrid die Säure tiefblau. Ein Zusatz von Alkohol beschleunigt die Reaktion.

Perle im Oxydationsfeuer, heiß: rot (bei schwacher Sättigung gelb).
„ „ „ kalt: grasgrün.
„ „ Reduktionsfeuer, heiß: grün.
„ „ „ kalt: smaragdgrün.

Chrom.

Kontrollprüfung. Beim Schmelzen von Chromverbindungen mit Soda und Salpeter im Platindraht erhält man eine gelbe Masse.

Perle im Oxydationsfeuer, heiß: gelb.
„ „ „ kalt: grünlichgelb.
„ „ Reduktionsfeuer, heiß: braun.
„ „ „ kalt: smaragdgrün.

Vanadin.

Kontrollprüfung. Das mit Soda und Salpeter geschmolzene und in mit Essigsäure angesäuertem Wasser aufgelöste Mineral gibt mit salpetersaurem Silber einen gelben Niederschlag.

Perle im Oxydationsfeuer, heiß: gelb.
„   „   „   kalt: farblos (bei starker Sättigung
                                emailweiß).
„   „ Reduktionsfeuer, heiß: gelb.
„   „   „   kalt: gelblichbraun.

Wolfram.

Kontrollprüfung. Perle mit Phosphorsalz im Oxydationsfeuer,
heiß und kalt: farblos, im Reduktionsfeuer, heiß: schmutziggrün, kalt:
blau. Die Perle verfärbt sich bei Zusatz von Eisen blutrot.

Perle im Oxydationsfeuer, heiß: gelb.
„   „   „   kalt: farblos.
„   „ Reduktionsfeuer, heiß: gelb bis braun.
„   „   „   kalt: bräunlich (bei langanhalten-
                                dem, ununterbrochenem Blasen:
Titan.   blau).

Kontrollprüfung. Perle mit Phosphorsalz im Oxydationsfeuer,
heiß und kalt: farblos; im Reduktionsfeuer, heiß: gelb, kalt: violett. Bei
Zusatz von Eisen: blutrot.

b) Die Perle hat keine deutlich ausgesprochene
Farbe.

Die Färbung der Perle hat keine genau zu bestimmende
Farbe, sondern ein Gemisch von mehreren Farben, was auf das
Vorhandensein von zwei oder mehr Elementen in dem zu prüfenden Mineral hinweist, die mit Borax gefärbte Perlen ergeben.
Solche Perlen erhält man am häufigsten bei gleichzeitigem Vorhandensein von Eisen-, Mangan-, Nickel-, Kobalt- und Kupferoxyden, Um letztere genau bestimmen zu können, ist es daher
notwendig, sie möglichst vollständig voneinander zu trennen. Zu
diesem Zweck wird das zu untersuchende Mineral in mehreren
Boraxperlen aufgelöst und auf Kohle mittels Blei reduziert. Nachdem man die zu prüfende Perle einige Zeit mit Blei in der reinen
Reduktionsflamme bearbeitet hat, trennt man die Boraxperle (a)
von der Bleiperle (b) und untersucht sie einzeln, jede für sich.
Die Perle wird im Achatmörser zerrieben, und ein Teil von ihr
wird in einer frisch bereiteten Boraxperle aufgelöst.

Perle im Oxydationsfeuer, heiß: blau.
„   „   „   kalt: „
„   „ Reduktionsfeuer, heiß: „
„   „   „   kalt: „

Kobalt.

Perle im Oxydationsfeuer, heiß: grün.
„　　„　　　　„　　kalt: blau.
„　　„　Reduktionsfeuer, heiß: grünlichblau.
„　　„　　　　„　　kalt:　　„

Eisen und Kobalt.

Perle im Oxydationsfeuer, heiß: violett bis blutrot,
„　　„　　　　„　　kalt: bräunlichviolett.
„　　„　Reduktionsfeuer, heiß: gelb.
„　　„　　　　„　　kalt: flaschengrün.

Mangan und Eisen.

Anmerkung. Die mangan- und eisenhaltige Perle gewinnt bei unzureichendem Oxydationsfeuer in heißem Zustande gelbe Färbung und ist in kaltem Zustande farblos. Reduziert auf Kohle mit Zinn, nimmt die Perle eine kupfervitriolgrüne Färbung an.

Perle im Oxydationsfeuer, heiß: pflaumenrot.
„　　„　　　　„　　kalt:　　„
„　　„　Reduktionsfeuer, heiß: bläulichgelb.
„　　„　　　　„　　kalt: blau.

Mangan, Eisen und Kobalt.

Das Bleikorn wird der Einwirkung der Oxydationsflamme auf Kohle ausgesetzt. Um eine vollkommenere und raschere Oxydierung des Bleis zu erzielen, wird der Probe Borsäure beigemengt und die oxydierende Flamme verstärkt. Der Rest wird, nach Entfernung des Bleis, in einer Phosphorsalzperle aufgelöst. Die Reaktion wird auf Kohle ausgeführt.

Perle im Oxydationsfeuer, heiß: grün.
„　　„　　　　„　　kalt: blau.
„　　„　Reduktionsfeuer, heiß: dunkelgrün.
„　　„　　　　„　　kalt: braunrot.

Kupfer.

Anmerkung. Der Zusatz von Zinn beschleunigt die Reaktion der Reduktion des Kupferoxyds.

Perle im Oxydations- und Reduktionsfeuer, heiß: rötlichgelb.
„　　„　　　　„　　　　„　　kalt: gelb.

Nickel.

Perle im Oxydationsfeuer, heiß: dunkelgrün.
„　　„　　　　„　　kalt: grün.
„　　„　Reduktionsfeuer, heiß: dunkelgrün.
„　　„　　　　„　　kalt: rotbraun.

2. Sublimation (Beschläge) auf Kohle.

Ein Beschlag von weißer Farbe wird bei der Einwirkung sowohl der Oxydations- als auch der Reduktionsflamme hervorgerufen. Leicht flüchtig, verschwindet er im Oxydations- bzw. Reduktionsfeuer, hinterläßt einen hellblauen Schein und verbreitet den Geruch von Knoblauch.

Arsen.

Kontrollprüfung. Das zu untersuchende Mineral liefert bei Erhitzung in einer einseitig geschlossenen Röhre mit der gleichen Menge Soda einen Arsenspiegel.

Ein weißer Beschlag mit dunkelgelbem, fast rotem Rand verflüchtigt sich mit grünem Schein in der Reduktionsflamme.

Tellur.

Beim gleichzeitigen Vorhandensein von Tellur und Selen erhält man einen weißen Beschlag, der die Reduktionsflamme bläulichgrün färbt und nach verfaultem Rettich riecht.

Kontrollprüfung. Man entfernt von der Kohle den erhaltenen Beschlag oder aber man träufelt im Reagenzglas einige Tropfen einer starken Lösung von Schwefelsäure auf das zu prüfende Mineral selbst und erwärmt das Glas ein wenig. Das Tellur löst sich sofort auf und färbt die Säure karminrot.

Ein gelber Beschlag in heißem, ein weißer in kaltem Zustande; der Beschlag leuchtet und läßt sich nicht durch Oxydationsfeuer von der Kohle vertreiben.

Zink.

Kontrollprüfung. Der Beschlag nimmt bei Erhitzen auf Kohle mit einer Lösung von salpetersaurem Kobaltoxydul grüne Färbung an.

Ein Beschlag von stahlgrauer Farbe verschwindet im Oxydationsfeuer, hinterläßt einen blauen Schein und verbreitet den Geruch von faulem Rettich.

Selen.

Kontrollprüfung. Der Beschlag wird in einem Reagenzglas gesammelt, mit konzentrierter Schwefelsäure übergossen und langanhaltend bis zum Kochen erwärmt. Bei Vorhandensein von Selen nimmt die Säure eine schmutziggrüne Färbung an.

Ein rötlichbrauner, pfauenfederfarbiger Beschlag. Verschwindet im Oxydations- und Reduktionsfeuer, ohne eine farbige Spur zu hinterlassen.

Kadmium.

Kontrollprüfung. Der von der Kohle abgestreifte Beschlag nimmt bei Erhitzung in einer einseitig geschlossenen Röhre mit unterschwefligsaurem Natron gelbe Färbung an.

Ein bläulichweißer Beschlag, flüchtig, läßt sich leicht im Oxydationsfeuer vertreiben; schwindet im Reduktionsfeuer, eine grüne Spur hinterlassend.

Antimon.

Das Korn des metallischen Antimons ist weiß, spröde und oxydiert leicht. Erhitzt man es bis zur Rotglut, so bleibt es nach Einstellung der Erhitzung eine Weile glühend und scheidet einen weißen Oxydrauch aus, der sowohl das Metallkorn selbst, als auch die umliegenden Teile der Kohle mit einem Beschlag bedeckt.

Ein gelber Beschlag in heißem Zustande, ein weißer nach Abkühlung, sehr unbedeutend, nicht flüchtig, lagert sich neben der entnommenen Probe ab.

Zinn.

Kontrollprüfung. Das Metallkorn ist weiß, geschmeidig und oxydiert leicht.

Der in heißem Zustande orangenfarbene, in kaltem, zitronengelbe Beschlag läßt sich sowohl durch das Oxydations- als auch das Reduktionsfeuer leicht vertreiben, ohne eine farbige Spur zu hinterlassen. Gewöhnlich ist der Beschlag mit einem weißlichgelben Saum von kohlensaurem Wismut umrandet.

Wismut.

Kontrollprüfung. Das Metallkorn ist rötlichweiß, geschmeidig und oxydiert leicht. Das auf Kohle mit Jodkalium und Schwefel gemengte Wismutkorn gibt im Oxydationsfeuer den charakteristischen roten Beschlag von Wismutjodid.

Ein zitronengelber Beschlag in heißem Zustande, ein graugelber nach Abkühlung, flüchtig im Oxydations- und Reduktionsfeuer, wobei er letztere blau färbt. Um den Beschlag herum beobachtet man mitunter einen weißen Saum von kohlensaurem Blei.

Blei.

Kontrollprüfung. Das Bleikorn ist weiß und oxydiert leicht.

3. Veränderung der Farbe der Substanzen in einer geschlossenen Röhre[1]).

Ursprüng- liche Farbe	Farbe nach Erhitzung		Substanzen	Bemerkungen
	heiß	kalt		
Grün oder blau	schwarz	schwarz	kupferhaltige Mineralien	
Grün oder braun	schwarz	schwarz	eisenhaltige Mineralien	
Rosa	schwarz	schwarz	mangan- und kobalthaltige Mineralien	Die Veränderungen tre- ten gewöhnlich in Er- scheinung, wenn man bei Aufschließen durch Erhitzung Metalloxyde erhält.
Dunkelrot	schwarz	dunkelrot	Eisenoxydul	
Weiß oder farblos	dunkelgelb bis braun	blaßgelb bis weiß	blei- und wismuthaltige Mineralien	
Weiß oder farblos	blaß- kanarien- vogelgelb	weiß	zinkhaltige Mineralien	

4. Beschläge in der offenen Röhre[2]).

Farbe und Charakter	Substanz	Bemerkungen
Schwarz, sich ver- flüchtigend	Arsen und Quecksilber- sulfid	Diese Beschläge erhält man oft bei sehr rascher Erhitzung von arsen-, quecksilber-, antimon- und schwefel-

[1]) Man nimmt eine gleiche Röhre wie bei Bestimmung des Wasser-gehalts. Auf den Boden der Röhre schüttet man das Mineralpulver und erhitzt es in der Flamme (Abb. 13).

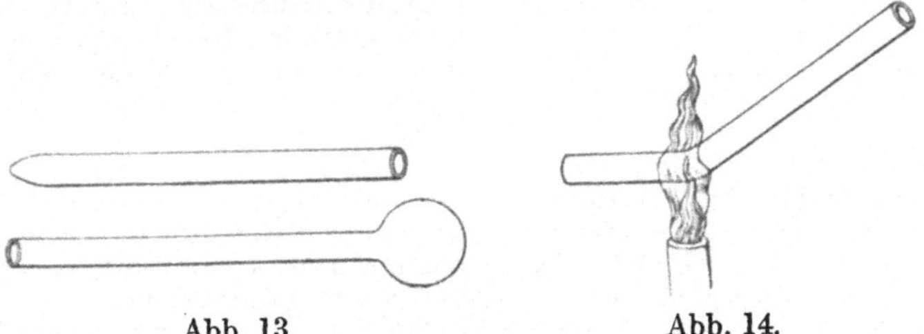

Abb. 13.   Abb. 14.

[2]) Eine offene Glasröhre von 10—15 cm Länge, möglichst in der Mitte ein wenig unter einem stumpfen Winkel gebogen. In der Krüm-mung befindet sich das Mineralpulver (Abb. 14).

4. Beschläge in der offenen Röhre (Fortsetzung).

Farbe und Charakter	Substanz	Bemerkungen
Braun	Antimonoxy-sulfid	haltigen Mineralien. Sie bilden sich jedoch nicht, wenn der Versuch mit der offenen Röhre bei genügendem Zug erfolgt, so daß eine volle Oxydation erreicht wird.
Gelb oder Orangefarben, sich leicht verflüchtigend	Schwefel und Arsensulfide	
Rot, flüchtig	Selen	Selenoxyd häufig in Gefolge (s. weiter unten).
In heißem Zustande blaßgelb, in kaltem weiß	Molybdäntrioxyd MoO_3	Die Bildung erfolgt langsam, wenn das Molybdänoxyd erhitzt ist und sich in Form dünner Kristalle in der Nähe der Probe ansammelt.
Weiß, leicht sich verflüchtigend und kristallin	Arseniksäureanhydrid AS_2O_3	Die Beschläge bilden sich in Form eines Ringes, lagern sich auf Glas ab und weisen einen klaren, kristallinen Bau auf (Oktaeder).
Weiß, leicht sich verflüchtigend und kristallin	Selenoxyd SeO_2	Der Beschlag erscheint in Form leuchtender prismatischer Kristalle, die vielfach geringe Ausscheidungen von rotem Selen zur Folge haben.
Weiß bis zu blaßgelb	Tellursäureanhydrid TeO_2	
Weiß, wenig flüchtig und kristallin	Antimonoxyd Sb_2O_3	Wird aus Antimon und antimonhaltigen Mineralien gewonnen. Der Beschlag besteht aus zwei Arten von Kristallen, Oktaedern und Prismen.
In heißem Zustande blaß-strohgelb, in kaltem weiß; nicht schmelzbar, flüchtig, amorph	Antimonsäuresalze Sb_2O_4	Wird aus Antimonsulfid und Schwefligantimonsäuresalzen in Form eines dichten weißen Rauches gewonnen, der in der Röhre aufsteigt und zum größten Teil sich an der unteren Seite niedersetzt.
Weiß, flüchtig und nicht schmelzbar	Schwefligsaures und schwefelsaures Bleisalz	Wird aus Bleisulfid als leichter Niederschlag gewonnen, der sich zum größten Teil an der unteren Seite der Röhre nahe bei der zu untersuchenden Substanz ansammelt.
Graue Metallkügelchen flüchtig	Quecksilber	Durch die Bewegung eines Papierstreifens können die kleinen Kügelchen verbunden werden.

5. Beschläge in der geschlossenen Röhre.

Farbe und Zustand		Substanz	Bemerkungen
heiß	kalt		
Farblose, sich leicht verflüchtigende Flüssigkeit	Farblose Flüssigkeit als Tropfen an der Glasröhre	Wasser H_2O	Wird aus allen Mineralien ausgeschieden, die Kristallwässer und Hydroxil enthalten. In reiner Form neutral, kann der Beschlag auch sauer sein bei Vorhandensein von Fluorwasserstoff-, Schwefel-, Chlorwasserstoff- oder einer anderen flüchtigen Säure. Selten alkalisch durch Ammonium.
Bis zur Farblosigkeit blaßgelbe Flüssigkeit	Farblose bis zu weißen Kügelchen	Tellursäureanhydrid TeO_2	
Eine sich rasch verflüchtigende rote bis dunkelgelbe Flüssigkeit	Gelber kristalliner Körper. In kleinen Mengen fast weiß	Schwefel	Aus natürlichem Schwefel sowie einigen Schwefelverbindungen.
Eine sich rasch verflüchtigende dunkelrote fast schwarze Flüssigkeit	Rötlichgelber fester Körper	Arsensulfide	Aus gelbem Arsen. Aus schwefel- und arsenhaltigen Mineralien. Außerdem wird metallisches Arsen sublimiert, das bei Beobachtung in reflektiertem Licht als ein etwas über der erwärmten Stelle gelagerter glänzender Ring erscheint.
Schwarz, schwer flüchtig, fest	Rötlichbraun. Liefert wie Arsen einen schwefelglänzenden Beschlag von metallischem Antimon, den Antimonspiegel	Antimonoxysulfid Sb_2OS_2	Aus Antimonsulfid und einigen antimonhaltigen Mineralien mit metallischen Sulfiden und Salzen der schwefelantimonigen Säure.
Glänzender schwarzer fester Körper		Quecksilbersulfide HgS	Nimmt man ein wenig vom Beschlag und zerreibt ihn fein, so erhält man ein rotes Pulver.
Schwarze schmelzbare Kügelchen. Die kleinsten sind von rötlicher Farbe		Selen	Aus Selen und Selenverbindungen. Hat gewöhnlich Kristalle des Selenoxyds im Gefolge.

5. Beschläge in der. geschlossenen Röhre (Fortsetzung).

Farbe und Zustand	Substanz	Bemerkungen
Graue Metallkügelchen, die durch die Bewegung eines Stückchens Papier (Zerreiben) vereinigt werden können	Quecksilber	Aus gediegenem Quecksilber und Amalgam
Weißer fester Körper	Chloride und Oxyde von Blei und Antimon. Ammoniumsalze.	

6. Flammenfärbung im Lötrohrfeuer [1]).

Farbe	Farbenton	Element	Bemerkungen
Rot	himbeer-karmoisin	Lithium	Die Gruppe von Lithiummineralien, die entweder Silikate oder Phosphate bildet, liefert nach dem Ausglühen keine alkalische Reaktion.
Rot	himbeer-karmoisin	Strontium	Die Karbonate und Sulfate geben eine Reaktion und werden nach dem Ausglühen alkalisch. Die Silikate und Phosphate geben keine Strontiumflamme.
Rot	gelblich bis orange	Calcium	Nur wenige Mineralien geben, in reiner Form erhitzt, deutlich diese Farbe. Oft ist diese Farbe jedoch klar nach der (vorhergehenden, versuchsweisen) Benetzung mit Salzsäure zu erkennen.
Gelb	intensiv	Natrium	Dieser Versuch ist sehr delikat; erfordert die größte Aufmerksamkeit.
Grün	gelblich	Baryum	Die Karbonate und Sulfate geben eine Reaktion und werden nach dem Ausglühen alkalisch. Die Silikate und Phosphate geben keine Baryumflamme.
Grün	gelblich	Molybdän	Nur als Oxyd oder Schwefelverbindung.
Grün	grell, mitunter gelblich	Bor	
Grün	rein	Thallium	

[1]) Zur Erlangung der Flammenfärbung wird ein Mineralsplitter mit Salzsäure befeuchtet und mit Hilfe einer kleinen Zange oder eines Platindrahtes in den farblosen Kegel der Oxydationsflamme getaucht.

6. Flammenfärbung im Lötrohrfeuer (Fortsetzung).

Farbe	Farbenton	Element	Bemerkungen
Grün	smaragd-grün	Kupfer	Nach vorherigem .Befeuchten in Salzsäure erscheint die Flamme hellblau mit grünem Ton.
Grün	bläulichblaß	Phosphor	Die Farbe ist nicht genügend bestimmt, hilft jedoch vielfach phosphorsaures Salz zu erkennen.
Grün	bläulich	Zink	Erscheint gewöhnlich als greller Streifen in der Flamme.
Grün	blaß	Tellur Antimon Blei	
Blau	hellblau	Chlorkupfer	Die Außenränder der Flamme sind smaragdgrün.
Blau	hellblau	Selen	Ist von charakteristischem Geruch begleitet.
Blau	blaßblau	Blei	Die Flamme ist an den äußeren Teilen merklich grün gefärbt.
Blau		Indium	
Blau	blaß	Arsen	
Blau	grünlich	Phosphor Antimon	
Violett	blaß	Kalium Rubidium Cäsium	

7. Eigenschaften der Metallkörner.

Metall	Farbe des Metallkorns	Geschmeidigkeit	Bemerkungen
Blei	grau (kalt); silberweiß (heiß)	geschmeidig	Gibt einen grüngelben Beschlag. Verschwindet bei anhaltendem Blasen vollständig.
Zinn	weiß	geschmeidig	Gibt keinen deutlich erkennbaren Beschlag.
Antimon	weiß	spröde	Weißer Beschlag. Bis zur Rotglut erhitzt, leuchtet das Metallkorn nach Einstellung der Erwärmung und scheidet weißen Rauch aus.
Wismut	rötlichweiß	geschmeidig	Zitronengelber Beschlag.
Kupfer	rot	geschmeidig	Liefert keinen Beschlag.

7. Eigenschaften der Metallkörner (Fortsetzung).

Metall	Farbe des Metallkorns	Geschmeidig-keit	Bemerkungen
Silber	silberweiß	geschmeidig	Liefert keinen Beschlag.
Gold	gelb, glänzend	geschmeidig	Oxydiert nicht.
Silber und Blei	weiß	geschmeidig	Bleibeschlag. Verflüchtigt sich zum Teil bei langem Blasen. Zurück bleibt ein kleines Silberkorn, das keinen Beschlag liefert.

X. Aussehen und physikalische Eigenschaften.

1. Schmelzbarkeit.

Die Schmelzbarkeit der Mineralien kann zum größten Teil nur annähernd bestimmt werden, da die meisten von ihnen so schwer schmelzbar sind, daß der Schmelzpunkt nicht festgestellt werden kann. Alle Angaben sind relativ und gehen nicht über die Grenzen der Temperatur hinaus, die mit dem Lötrohr erzielt wird. Es kann daher als nicht schmelzbar ein Mineral bezeichnet werden, das unter anderen Umständen, z. B. in der Knallgasflamme, verhältnismäßig leicht schmilzt. Um auf Schmelzbarkeit zu prüfen, werden möglichst dünne spitzwinklige Splitter erhitzt. Die Mineralien verhalten sich dem Schmelzen gegenüber verschieden. Einige schmelzen ruhig, andere blähen sich auf und schäumen (Zeolithe und wasserhaltige Mineralien); bei einigen ist das Schmelzprodukt eine kompakte Kugel, bei anderen eine blasige Schlacke. Bildet sich das Schmelzprodukt aus stark eisenhaltigen Mineralien, so ist es zum größten Teil magnetisch, auch wenn die Mineralien vor dem Schmelzen keine magnetischen Eigenschaften besitzen sollten. Die Splitter der schwer schmelzbaren Mineralien runden sich nur an den Ecken ab.

Schmelzbarkeitsskala.

Bunsen	Delter	F. Kobell
1. Unterhalb der Rotglut	Blei (322°)	Antimonglanz schmilzt schon in der Kerzenflamme.
2. Beginnende Rotglut .	Antimon (450°)	Natrolith schmilzt leicht in der Lötrohrflamme zu Kügelchen.
3. Rotglut	Aluminium (600°)	Almandin (dünner Splitter) gibt in der Lötrohrflamme ein Kügelchen.

Schmelzbarkeitsskala (Fortsetzung).

Bunsen	Delter	F. Kobell
4. Beginnende Weißglut	Steinsalz (776°)	Strahlstein schmilzt am Ende eines dünnen Splitters vor dem Lötrohr zu einem runden Kopf.
5. Weißglut	Silber (960°)	Orthoklas; die scharfen Kanten eines dünnen Splitters runden sich beim Schmelzen.
6. Strahlende Weißglut .	Kupfer (1100°)	Bronzit weist nur in den dünnsten Splittern Spuren des Schmelzens auf.
7. Strahlende Weißglut .	Nickel (1450°)	Quarz schmilzt in der Lötrohrflamme überhaupt nicht.

Es ist gewöhnlich nicht nötig, die Schmelzbarkeit in einer dieser Abstufungen zn erkennen: Es genügt festzustellen, ob das zu untersuchende Material leicht, mittel oder schwer schmelzbar ist.

2. Härte.

Um die Härte vergleichen zu können, kann man eine Reihe Mineralien so anordnen, daß das vorangegangene durch das nachfolgende abgegrenzt wird, d. h. die Härte mit jedem Glied der Reihe anwächst. Hierbei wird die Härte eines jeden Minerals bestimmt durch die Bezeichnung eines Minerals aus einer solchen Reihe oder Skala. Eine Skala mit einer großen Anzahl Glieder ist bei der geringen Genauigkeit der gewöhnlichen Prüfungen nicht praktisch. Mohs stellte eine aus 10 Gliedern gebildete Skala auf:

Härtegrad 1 — Talk	Härtegrad 6 — Orthoklas
2 — Steinsalz	7 — Quarz
3 — Kalkspat	8 — Topas
4 — Flußspat	9 — Korund
5 — Apatit	10 — Diamant

Um die Ritzhärte vornehmen und sie nach dieser Skala bestimmen zu können, fertigt man solche Stücke der genannten Mineralien an, die ebene Flächen und scharfe Ecken aufweisen. Um eine Beschädigung der weichen Mineralien der Skala zu vermeiden, geht man bei den Versuchen so vor, daß man mit dem zu prüfenden Mineral das Glied der Skala zu ritzen beginnt, das ein wenig härter zu sein scheint, und geht dann, wenn nötig, auf die weiter unten stehenden Glieder über. Für die Versuche mit der Feile genügen die allerkleinsten Stücke. Stellt man einen

Härtegrad fest, der der Härte eines der Glieder der Skala genau entspricht, so kann man ihn mit einer Nummer dieses Gliedes, z. B. Härte 4, statt Härte des Flußspates bezeichnen. Wenn es sich erweist, daß die gefundene Härte der Härte keines der Glieder der Skala ganz entspricht, sondern eine Mittelstellung einnimmt, so kann man der Nummer des niederen Härtegrades eine halbe Nummer hinzufügen. So bezeichnet 3,5 eine Härte, die größer ist als die des Kalkspates und geringer als die des Flußspates.

3. Glanz.

1. Metallischer Glanz — ein starker, Metallen eigener Glanz. Substanzen mit metallischem Glanz sind gewöhnlich undurchsichtig, z. B. Eisen, Kupfer.

2. Diamantglanz — ein dem Diamanten eigener Glanz. Man unterscheidet den echten Diamantglanz (Diamant, Weißbleierz) und den metallartigen Diamantglanz. Letzterer nähert sich dem metallischen Glanz und tritt dann in Erscheinung, wenn die dunkelfarbigen Varietäten ein wenig durchsichtig sind, wie z. B. Cuprit, Zinnstein.

3. Fettglanz. Ein Glanz, der der Substanz das Aussehen verleiht, als wäre sie mit Fett beschmiert, so z. B. Schwefel, Talk.

4. Glasglanz. Kommt an vielen nichtmetallischen Mineralien vor, wie beim Bergkristall und Topas.

5. Perlmutterglanz. Ein dem Perlmutter eigener Glanz. Kommt bei Mineralien auf den Flächen sehr vollkommener Spaltbarkeit vor, wie z. B. beim Glimmer.

6. Seidenglanz. Ist durch faserigen Bau bedingt, wie beispielsweise beim Asbest, Fasergips.

Diamant-, Fett-, Glas-, Perlmutter- und Seidenglanz werden oft als „nichtmetallischer" Glanz bezeichnet.

4. Farbe.

Man unterscheidet (nach Werner) acht Hauptfarben: 1. weiß (schneeweiß), 2. schwarz (samtschwarz), 3. grau (aschgrau), 4. blau (Berliner Blau), 5. grün (smaragdgrün), 6. gelb (zitronengelb), 7. rot (karminrot), 8. braun (kastanienbraun). Zur Bezeichnung der Farbe eines Minerals mit metallischem Glanz fügt man gewöhnlich der Bezeichnung der Hauptfarbe die eines allgemein gebräuchlichen Metalls von entsprechender Farbe hinzu, so z. B. kupferrot, messinggelb, zinnweiß, bleigrau, eisenschwarz, tombakbraun usw.

5. Strich.

Viele Mineralien weisen in zerkleinertem bzw. pulverartigem Zustande eine andere Farbe auf als in großen Stücken. Z. B. ist

Schwefelkies (Eisensulfid) im Stück von speisgelber Farbe, sein Strich aber ist fast schwarz. Um Striche zu erhalten, fährt man mit dem Mineral über eine nicht glasierte Porzellanplatte, das „Porzellanbiskuit".

6. Durchsichtigkeit.

Die Mineralien werden nach dem Grade der Durchsichtigkeit eingeteilt in:

1. Durchsichtige. Gegenstände sind durch das Mineral klar sichtbar; man kann auch, wie z. B. beim Bergkristall, durch das Mineral hindurch ein Buch lesen.

2. Halbdurchsichtige. Gegenstände sind zwar erkennbar, aber undeutlich, z. B. Opal, Chalcedon.

3. In der Masse durchscheinende. Das Licht dringt zwar durch, aber die Gegenstände sind durch die Mineralien nicht erkennbar, z. B. Quarz, Nephrit.

4. An den Kanten durchscheinende. Das Licht dringt nur durch die dünnen Kanten des Minerals, wie z. B. beim Hornstein, Feuerstein.

5. Undurchsichtige. Das Licht dringt nahezu gar nicht durch das Mineral durch, wie z. B. bei den gediegenen Metallen und dem Bleiglanz.

7. Pleochroïsmus.

Pleochroïsmus ist eine Erscheinung, die darin besteht, daß viele farbige und durchsichtige Mineralien, wenn Lichtstrahlen in verschiedenen Richtungen durch sie hindurchgehen, verschiedene Farben zeigen, z. B. Axinit, Alexandrit.

8. Phosphorglanz.

Viele an sich nicht selbstleuchtende Mineralien erwerben unter bestimmten Vorbedingungen die Fähigkeit zu leuchten. So strahlen beispielsweise Flußspat, Apatit u. a., schwach erhitzt, im Dunkeln ein grünliches Licht aus. Diese Erscheinung bezeichnet man mit Phosphorglanz.

9. Magnetische Eigenschaften.

Einige Mineralien haben die Eigenschaft, auf die Magnetnadel einzuwirken, d. h. sie in Bewegung zu setzen oder von einem Magneten angezogen zu werden. Um diese Eigenschaft zu bestimmen, bedient man sich einer auf dem Ende eines spitzen Stifts angebrachten Magnetnadel oder eines Hufeisen- bzw. Stabmagneten. Bei den diesbezüglichen Versuchen unterscheidet man drei Fälle:

1. Das einer Magnetnadel im natürlichen Zustande genäherte Mineral wirkt auf diese ein; auch das Mineralpulver wird vom Magneten angezogen. 2. Das Mineral ist an sich nicht magnetisch; nach Ausglühen auf Kohle im Oxydationsfeuer des Lötrohres, wirkt es jedoch auf die Magnetnadel ein. 3. Das Mineral ist weder an sich, noch nach dem Ausglühen magnetisch.

10. Spaltbarkeit.

Mit Spaltbarkeit bezeichnet man die Eigenschaft eines Kristalls bzw. einer unteilbaren Kristallmasse, sich nach gewissen Richtungen zu spalten, so daß hierbei die Bruchflächen ebene glänzende Flächen bilden. Diese Richtungen bezeichnet man als „Spaltflächen". Der Grad der Spaltbarkeit ist bei den Mineralien verschieden. Man unterscheidet a) eine außerordentlich vollkommene Spaltbarkeit, wenn das Mineral sich nach bestimmten Richtungen sehr leicht in Blättchen oder Plättchen zerlegen läßt, die Spaltflächen gleich sind und spiegelnden Glanz aufweisen, wie dies z. B. beim Glimmer, Kalkspat, Topas u. a. m. der Fall ist; b) eine vollkommene Spaltbarkeit, wenn das Mineral sich mit geringerer Leichtigkeit als die vorgenannten Mineralien in Plättchen teilen läßt und die Spaltflächen verhältnismäßig weniger glänzen, wie z. B. beim Flußspat, der Hornblende u. a. m.; c) wahrnehmbare Spaltbarkeit, wenn das Mineral sich in regelmäßige Plättchen überhaupt nicht spalten läßt und nur stellenweise kleine glatte, zu einander parallele Flächen zu bemerken sind, wie z. B. beim Apatit, Smaragd u. a. m.; d) unvollkommene oder nicht wahrnehmbare Spaltbarkeit, wenn sie überhaupt nicht zu bemerken ist und mit den gewöhnlichen Mitteln nicht hervorgerufen werden kann, wie z. B. beim Bergkristall, Turmalin. Um die Spaltbarkeit eines Minerals festzustellen, wird es mit einem Hammer gespalten. Die Spaltbarkeit wird vielfach durch eine Reihe Risse im Mineral oder ein zufälliges Abspalten bei seiner Gewinnung ersichtlich. Um die Spaltbarkeit besser sehen zu können, muß sich der Beobachter zwischen die Lichtquelle und das Mineral ein wenig abseits stellen und es verschiedentlich hin und her drehen. Dann sind die Spaltflächen an dem reflektierten Licht ihrer spiegelnden Oberfläche zu erkennen.

11. Bruch.

Beim Brechen und Zerschlagen der Mineralien erhält man entweder ebene Flächen, die wir als Spaltflächen bezeichnen, oder unebene, die man Bruchflächen nennt. Je vollkommener die Spaltbarkeit, um so schwieriger ist es, den Bruch zu beobachten.

Bei Mineralien mit unvollkommener Spaltbarkeit treten jedoch beim Zerbrechen hauptsächlich Bruchflächen zutage, und Spaltflächen lassen sich nur bei aufmerksamer Betrachtung entdecken. Berücksichtigt man die Krümmung der Bruchflächen, so stellt sich heraus, daß die Bruchflächen der meisten Mineralien Vertiefungen und Erhöhungen, ähnlich wie in den Innenflächen der Muscheln, aufzuweisen haben. Ein solcher Bruch wird als muscheliger Bruch bezeichnet, wobei man zwischen flach- und tiefmuscheligem, grob- und feinmuscheligem, vollkommen und unvollkommen muscheligem Bruch unterscheidet. Die Ausdrücke ebener und unebener Bruch sind ohne weiteres verständlich. In Bezug auf die weiteren Eigenschaften der Bruchflächen unterscheidet man, außer dem glatten Bruch, noch den splittrigen Bruch mit kleinen, halbfreien Splittern auf der Bruchfläche, wie z. B. beim Feuerstein, den hakigen oder zackigen Bruch, wenn die Bruchfläche mit dünnen, an ihren Enden umgebogenen dünnen Fäden bedeckt ist, was ausschließlich bei zähen Mineralien zu beobachten ist, und endlich den erdigen Bruch, wenn die Bruchflächen matt und mit feinem Staub bedeckt sind, wie beispielsweise bei Ton und Kreide.

12. Trennung der Mineralien nach dem Dichtigkeitsgrad.

Man benutzt den Unterschied in der Dichtigkeit der Mineralien beim Studium feinkörnigen Materials. Nachdem man das Pulver einer Gesteinsart der Einwirkung eines fließenden Wasserstrahls ausgesetzt hat, kann man nach einiger Zeit eine dem spezifischen Gewicht entsprechende Schichtung erhalten. Noch bequemer ist es, sich hierzu starker Lösungen zu bedienen. So hat Thoulet für diesen Zweck die Verwendung einer Doppelsalzlösung von Jodquecksilber und Jodkalium empfohlen, der man durch Hinzufügung einer entsprechenden Menge Wasser alle möglichen Dichtigkeitsgrade von 1 bis zu 3,196 verleihen kann. Verwenden wir z. B. eine Lösung von der Dichtigkeit 2,60, so sehen wir, daß Orthoklas, dessen spezifisches Gewicht 2,57 ist, oben schwimmt, während Quarz mit dem spezifischen Gewicht von 2,65 sich am Boden niedersetzt. Muß man die Analyse eines Minerals vornehmen, das vermutlich Beimengen enthält, so kann man bei dieser Methode nach erfolgter Zerkleinerung eine sehr gleichartige Substanz für den Versuch erhalten. Bei einer bei 5 gelegenen Mineraldichtigkeit verwendet man die von D. Klein angegebene Methode, die in der Verwendung von borowolframsaurem Kadmium besteht. Endlich hat N. Kreon für sehr schwere Mineralien die Verwendung von Chlorblei allein oder gemischt mit

Chlorzink bis zu 400° erhitzt, empfohlen. Eine solche Mischung ermöglicht die Trennung des Rutils von dem Granat.

Die nachfolgende Tabelle bringt in aufsteigender Reihe die spezifischen Gewichte der wichtigsten Mineralien:

0,6 bis 1,0 Naphtha, Ozokerit, Wasser.

1,0 „ 1,5 Harze, Steinkohle, natürliche Soda, natürliches Glaubersalz.

1,5 „ 2,0 Alaun, Borax, Salpeter, Salmiak, Eisenvitriol.

2,0 „ 2,5 Gips, Leucit (weißer Granat), Zeolithe, Graphit, Schwefel.

2,5 „ 2,8 Quarz, Feldspate, Nephelin, Smaragd, Serpentin, Talk, Kalkstein.

2,8 bis 3,0 Aragonit, Dolomit, Anhydrit, Tremolit (Hornblende), Glimmer.

3,0 bis 3,5 Flußspat, Apatit, Hornblenden, Augit, Epidot, Turmalin, Topas, Diamant.

3,5 bis 4,0 Siderit, Malachit, Kupferlasur, Limonit, Korund.

4,0 „ 4,5 Schwerspat, Rutil, Chromit, Kupferkies, Zinkblende.

4,5 „ 5,5 Pyrit, Markasit (Strahlkies), Antimonglanz, Fahlerz.

5,5 „ 6,5 Magneteisenstein, Rotkupfererz, Arsenkies, Kupferglanz, Rotgiltigerz.

6,5 bis 8,0 Cerussit (Weißbleierz), Zinnstein, Bleiglanz, Silberglanz.

8,0 „ 10,0 Zinnober, Kupfer, Wismut.

10,0 „ 14,0 Silber, Blei, Quecksilber.

15,0 „ 20,0 Gold, Platin.

21,0 „ 23,0 Iridium, Palladium.

13. Zahl der Spaltrichtungen (siehe Tabelle S. 41).

14. Reihenfolge, in der die Charakteristik der Mineralien erfolgt.

1. Chemische Formel und Gehalt in Prozenten.
2. Kristallformen.
3. Spaltbarkeit und Bruch.
4. Härte und spezifisches Gewicht.
5. Glanz, Farbe, Anlauf, Durchsichtigkeit, Strich.
6. Besondere Eigenschaften (magnetische Eigenschaften, Geschmack u. a. m.).
7 Verhalten vor der Lötrohrflamme und den chemischen Reagenzien.
8. Vorkommen in der Natur.

13. Zahl der Spaltrichtungen, die bestimmten kristallographischen Seitenflächen in jedem einzelnen Kristallsystem entspricht.

Kristallsyst.	1.Richtung	2. R.	3. R.	4. R.	6. R.	
Regulär	—	—	(100)[1] Würfel	(111)[2] Okta- eder	(110)[3] Dode- kaeder	[1] Die Spaltflächen sind senkrecht zueinander. [2] Die Spaltflächen bilden einen Neigungswinkel von 70° 31′ 44″. Ihre Kanten schneiden sich in den Scheitelpunkten vierseitiger Winkel. [3] Die Spaltflächen bilden einen Neigungswinkel von 60°. Ihre Kanten schneiden sich in den Scheitelpunkten dreiseitiger Winkel.
Tetragonal	(001)[1] Pinakoid (Base)	(110)[2] Prisma	—	(111)[3] Pyra- mide	—	[1] Die Spaltflächen sind senkrecht zur Vertikalachse. [2] Die Spaltflächen sind parallel der Vertikalachse. [3] Die Kanten der Spaltflächen schneiden sich in den Scheitelpunkten vierseitiger Winkel.
Hexagonal	(001)[1] Pinakoid (Base)	—	(1010)} [2] (1120)} Prisma (1011)[3] Rhombo- eder	—	—	[1] Die Spaltflächen sind senkrecht zur Vertikalachse. [2] Die Spaltflächen sind parallel zur Vertikalachse; ihre Kanten sind parallel. [3] Die Spaltflächen bilden einen Neigungswinkel zu drei Kristallachsen. Ihre Kanten schneiden sich in den Schnittpunkten dreiseitiger Winkel.
Rhombisch	(001) (010) (100) Pinakoid[1]	(110) (101) (011) (120)*) (210)**) } [2]	—	(111)[3] Pyra- mide	—	[1] Die Spaltflächen sind senkrecht zu den Kristallachsen. [2] Die Spaltfläche ist prismatisch; die Spaltflächen sind den Kristallachsen parallel. *) Skorodit. **) Dioptas. [3] Die Kanten der Spaltflächen schneiden sich in den Scheitelpunkten vierseitiger Winkel.
Monoklin	(001) (100) (010) Pinakoid (101)[1] (101)*) Hemiprisma	(110)[2] (011)[1] Prisma (111) (111) (113)**) Pyramide[4]	—	—	—	[1] Die Spaltfläche ist parallel der Symmetrieachse. *) Kriolit. [2] Die Spaltfläche ist parallel der Vertikalachse. [3] Die Spaltfläche ist parallel der Klinoachse. [4] Die Spaltflächen entsprechen den Kanten von Halbpyramiden. **) Kiserit.
Triklin	(001)[1] (100) (010) (hks) (hkl)	—	—	—	—	[1] Alle Arten der Spaltflächen besitzen eine Richtung.

Mineralien, die S (Se, Te) enthalten.
Pb
Zn
As
Mineralien, die einen Beschlag geben.
Cd
Mineralien, die in den vorgenannten Gruppen nicht enthalten sind.
Bi
Sb
Metallkern
Kein Metallkern
Mn-Perle
Fe-Perle
Perlefärbende Mineralien
Co-Perle
Mineralien, die eine alkalische Reaktion geben.
Cu-Perle
Ni-Perle
Mo-Perle
In H₂O nicht lösl.
In H₂O löslich
Beschlag
Fehlen eines Beschlages
Mineralien, die SiO₂ enthalten.
Mineralien, die gallertartige SiO₂ geben.
Mineralien, die nicht gallertartige SiO₂ geben.
Beschlag auf Kohle
+ H₂O wasserfrei
— H₂O wasserhaltig
Weder Perle noch Beschlag
Gefärbte Perle
Flammenfärbung
Perlenfärbung
Perlenfärbung
Flammenfärbung
+ H₂O mit Wasser
— H₂O ohne Wasser
In den vorgenannten Gruppen nicht enthaltene Mineralien.
In den vorgenannten Gruppen nicht enthaltene Mineralien.
Härte 1—5
Härte 5—6
Härte 1—2
Härte 3—10
Härte über 6
Mineralien, die weder S noch SiO₂ enthalten.
Cl Reaktion
Al Reaktion
Cu
Fe
W
Ti
Ni
Perlenfärbung
V
Alkalische Reaktion
Mn
Co
Cr
Mo
In H₂O nicht löslich
In H₂O löslich
As
Sn
Sb
Beschlag auf Kohle
Bi
Zn
Pb
Mineralien, die in den vorgenannten Gruppen nicht enthalten sind:
Härte 1—3
Härte 4—10

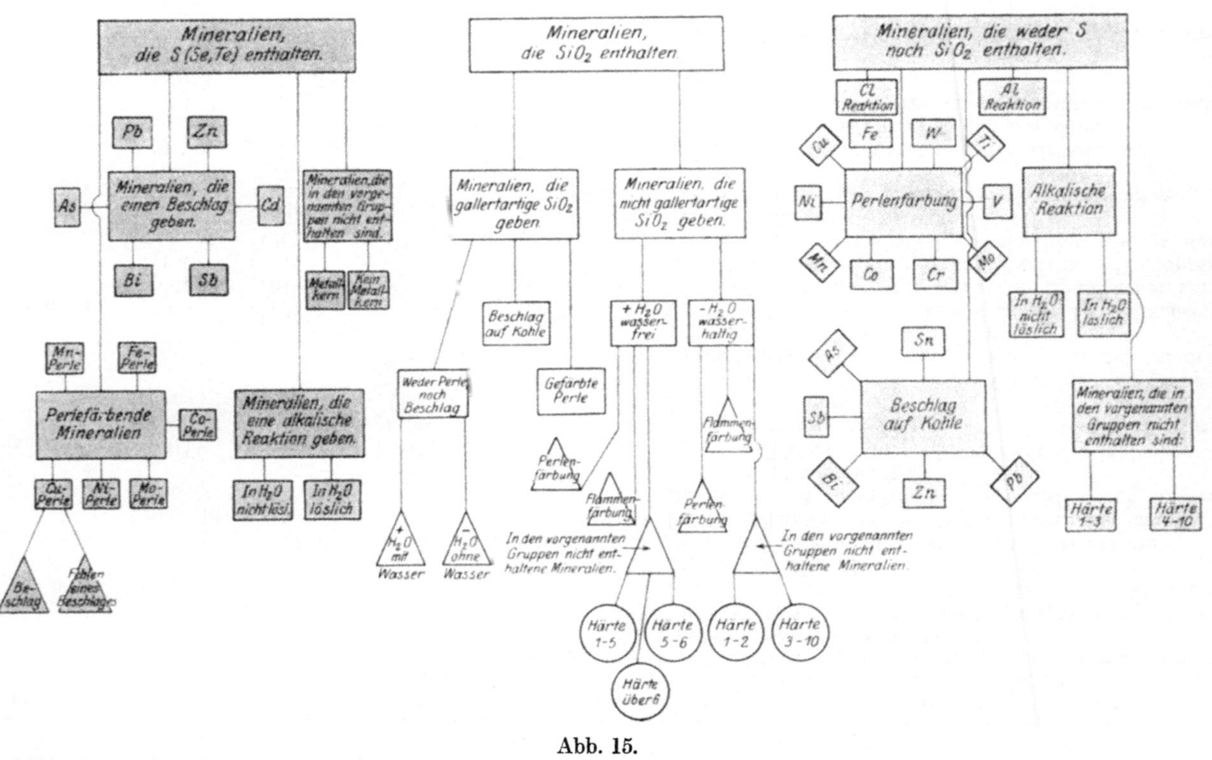

Abb. 15.

Methode zur Bestimmung von Mineralien.

Allgemeine Übersicht.

Alle Mineralien lassen sich auf Grund ihrer chemischen Eigenschaften in drei Hauptgruppen einordnen.

A. Schwefelhaltige Mineralien. Es sind dies hauptsächlich Schwefel- und Schwefelsäureverbindungen.

B. Mineralien, deren chemischer Hauptbestandteil Silicium bildet und zu denen hauptsächlich die Silikate gehören.

C. Mineralien, die weder Schwefel noch Silicium enthalten, d. h. hauptsächlich Sauerstoff- und Haloidverbindungen, einfache, organische und sonstige Körper.

Jeder, der die Reaktionen zur Bildung von Schwefelleber und Abscheidung von Kieselsäure kennt, wird von vornherein fehlerlos bestimmen können, zu welcher von diesen drei Abteilungen das zu prüfende Mineral gehört. Jede Abteilung kann ihrerseits leicht in drei oder vier grundlegende Unterabteilungen zerlegt werden.

I. Mineralien, die die Borax- bzw. Phosphorsalzperle färben, d. h. Eisen, Kupfer, Mangan, Chrom, Silicium, Kobalt, Molybdän, Titan u. a. m. enthalten.

II. Mineralien, die einen Beschlag auf Kohle geben, d. h. die bei Fehlen der vorbenannten Elemente aus der Unterabteilung I Arsen, Wismut, Zinn, Kadmium, Zink, Blei und Antimon enthalten.

III. Mineralien, die nach Ausglühen im Reduktionsfeuer eine alkalische Reaktion geben, d. h. Kalium, Natrium, Calcium, Baryum, Strontium, Lithium enthalten und die Elemente der vorgenannten Unterabteilung nicht enthalten. In der Abteilung B (Silikate) erfolgt die Einteilung in Unterabteilungen nach der Art der Abscheidung von Kieselsäure in Gallerteform oder in der Form eines flockenartigen Niederschlages nach dem Schmelzen mit Soda.

IV. Mineralien, die in den vorgenannten Unterabteilungen nicht enthalten sind. Jede Unterabteilung zerfällt in Gruppen, hauptsächlich nach den chemischen Reaktionen. So zerfällt die Unterabteilung I — Mineralien, die die Borax- bzw. Phosphorsalzperle färben — in sechs Gruppen: 1. von Eisenoxyden gefärbte Perle, 2. von Kupferoxyden gefärbte Perle, 3. von Kobaltoxyden gefärbte Perle usw.

Alle diese Reaktionen sind überaus einfach und das gefundene Element wird leicht durch eine zweite Kontrollreaktion als solches festgestellt. So wird beispielsweise das auf Grund der Boraxperle festgestellte Eisen auf seine magnetischen Eigenschaften hin und auf Fällung durch Salpetersäure geprüft. An Hand der Perle festgestelltes Mangan wird auf Schmelzung mit Soda und Salpeter kontrolliert usw.

Perlen von fragwürdiger Färbung lassen sich gleichfalls leicht durch Kontrollreaktionen entziffern. Indem wir allmählich den Kreis der Untersuchungen enger gestalten, kommen wir zu Gruppen mit einer verhältnismäßig geringen Anzahl Mineralien, die ähnliche chemische Eigenschaften aufzuweisen haben. Dann gewinnen für uns an Bedeutung die physikalischen Eigenschaften — Härte, Farbe und Spaltbarkeit, Aussehen und schließlich die Paragenesis.

Im engen Kreise der Gruppen und Untergruppen bestimmen diese Eigenschaften leicht das zu prüfende Mineral.

Mineralien mit metallischem Glanz oder einem hohen spezifischen Gewicht gehören zu den Erzmineralien in den Gruppen A und C.

A. Mineralien, die mit Soda Schwefelleber geben.

I. Mineralien, die eine Borax- bzw. Phosphorsalzperle färben.

1. Die Perle ist durch Eisenoxyde gefärbt.

Pyrit (Schwefelkies, Eisenkies, Schwefeleisen, Inkastein) FeS_2; Fe — 46,6 vH., S — 53,4 vH. Regulär. Die charakteristischen Kristallformen: Würfel und Pentagondodekaeder. Streifung längs der Fläche des Würfels (100), parallel den Kanten, Bruch muschelig oder uneben. Härte 6—6,5. Spez. Gew. 5. Metallglänzend. Farbe speisgelb, selten angelaufen. Strich grünlichschwarz, undurchsichtig. Funkt am Stahl, wobei die Funken den Geruch von Schwefel verbreiten. Nach erfolgtem Ausglühen magnetisch. Überaus verbreitet in Eruptiv- und Sedimentgesteinen sowie in kristallinen Schiefern. Geht oft in Limonit über (oberflächlich in Gestalt einer braunen Kruste). Kommt zusammen mit Erzmineralien auf Gängen vor.

Markasit (Braunkies, Strahlkies, Leberkies, Wasserkies, Weicheisenkies). Nach Zusammensetzung und Eigenschaften dem Pyrit gleich, jedoch rhombisch kristallisierend. Aussehen tafelartig oder prismatisch. Am häufigsten sind spieß- und kammartige Gruppen oder kugel-, nieren- und strahlenförmige Aggregate. Kommt hauptsächlich in Sedimentgesteinen vor und bildet oft das Versteinerungsmaterial von Tieren und Pflanzen.

Chalkopyrit $CuFeS_2$ s. S. 47.

Bornit Cu_3FeS_3 s. S. 48.

Pyrrhotin (Magnetkies) Fe_nS_{n+1} (mit unbedeutetem Gehalt an Nickel, Kobalt, Kupfer). Hexagonal. Kristalle gewöhnlich tafelförmig; selten. Bruch uneben; spröde. Härte 3,5—4,5. Spez. Gew. 4,58—4,64. Metallglänzend. Farbe bronzegelb bis kupferrot; rotgußbraun angelaufen. Strich grau. Vor dem Ausglühen magnetisch, mitunter polarmagnetisch. Leicht zu einer schwarzen magnetischen Masse schmelzbar. Wird zersetzt durch Salzsäure, unter Abscheiden von Schwefelwasserstoff. Kommt hauptsächlich in der Form derber, körniger und schalenförmiger Massen auf Gängen, Lagern gemeinsam mit anderen Schwefelverbindungen — Pyrit, Chalkopyrit u. a. m. — vor.

Arsenopyrit (Arsenkies, Arsenikkies, Mißpickel, Akontit, Giftkies) FeAsS (an Stelle von Eisen findet sich mitunter Kobalt; Spuren von Silber, Kupfer); Fe — 34,3 vH, As — 46,5 vH, S — 19,1 vH. Rhombisch; kurzsäulige, zugespitzte und tafelförmige Kristalle. Bruch uneben. Härte 5,5—6. Spez. Gew. 5,9—6,2. Metallglänzend. Farbe von silberweiß bis stahlgrau, mitunter gelblich anlaufend. Strich schwarz. Funkt am Stahl. Sublimation und Geruch von Arsen in geschlossener Röhre und Beschlag auf Kohle. Leicht schmelzbar. Liefert beim Ausglühen ein magnetisches Metallkorn. Körnige, derbe und stengelige Massen; oft in Erzgängen zusammen mit Zinnstein und Silbererzen anzutreffen.

G l a u k o d o t (Fe, Co) AsS. Der Kobaltgehalt wechselt zwischen 4—27 vH. Rhombisch. Die Kristallformen ähnlich denen des Arsenopyrit. Die Spaltbarkeit nach der Fläche (001) ist ziemlich vollkommen. Bruch uneben. Härte 5. Spez. Gew. 5,9—6,1. Metallglänzend. Farbe zinngrau. Strich schwarz. Verhält sich ähnlich wie Arsenopyrit. Schmilzt auf Kohle im Reduktionsfeuer zu einem Metallkorn. Bruch hellbronze. Reagiert mit Borax im Reduktionsfeuer stark auf Eisen. Nach Beimengung von frischem Borax im Oxydationsfeuer Blaufärben durch Kobalt.

M e l a n t e r i t $FeSO_4 . 7H_2O$; FeO — 26 vH, SO_3 — 29 vH. Monoklin. Kristalle nicht wahrnehmbar. Deutliche Spaltbarkeit nach d. Fl. (001). Bruch muschelig. Härte 2. Spez. Gew. 1,8—1,9. Farbe hellgrün mit Glasglanz. Strich weiß, grünlichweiß. Geschmack herb und bitter. Im Wasser leicht löslich. Gibt im

Kolben viel Wasser. Tritt auf meist als Überzug in Absatzformen; mitunter Stalaktitenform. Ist vielfach ein Zersetzungsprodukt des Pyrit und Markasit.

Coquimbit $Fe_2(So_4)_3 . 9H_2O$. Rhombisch. Kleine rhombische Kristalle. Härte 2—2,5. Spez. Gew. 2,1. Glasglänzend. Farblos, weiß, bläulich und grünlich, mitunter ins Violette überspielend. Strich weiß oder grünlichweiß. Geschmack herb. Verhält sich ähnlich wie Melanterit. Tritt auf als Verwitterungsprodukt von Kies in Trachytgesteinen.

Botryogen $(Fe, Mg) Fe_2S_4O_{16} . 12H_2O$. Monoklin. Härte 2—2,5. Spez. Gew. 2—2,1. Farbe hyazintrot bis gelblichbraun. Tritt auf in Form kleiner kurzprismatischer Kristalle mit deutlicher Spaltbarkeit nach d. Fl. (110), häufiger jedoch in Form faseriger traubenartiger Aggregate.

Römerit $FeSO_4 . Fe_2(SO_4)_3 . 12H_2O$; Fe_2O_3 — 20,8 vH, FeO — 9,4 vH. Triklin. Spaltbarkeit nach d. Fl. (010) vollkommen. Bruch uneben. Härte 3—3,5. Spez. Gew. 2,17. Glasglänzend. Farbe gelblich, hell- und dunkelbraun. Geschmack herb. Tritt auf in Form glänzender brauner Tafeln oder in körnigen Massen. Zeichnet sich durch geringen Gehalt von Zinkoxyd aus.

Nachfolgende Mineralien haben die gleiche chemische Zusammensetzung wie der Coquimbit.

Quenstedtit. Die Kristalle sind den Gipskristallen ähnlich. Härte 2,5. Spez. Gew. 2,1. Farbe violettrot.

Ihleit. Als rötlichgelbe Auswitterung auf Schwefelkies. Spez. Gew. 1,8.

Copiapit. Bedeckt vielfach als Kruste der Coquimbit. Monoklin. Kristalle sechsseitige Tafeln. Härte 2,5. Spez. Gew. 2,1.

Homannit. Triklin. Spaltbarkeit nach d. Fl. (100) und (010) vollkommen. Die breitstrahligen Aggregate der Kristalle sind kastanienbraun. Härte 2,5. Spez. Gew. 2,1.

Castanit. Monoklin. Prismatische Kristalle mit Homannit. Härte 3. Spez. Gew. 2,1.

Stypticit. Monoklin. Härte 2—2,5. Spez. Gew. 1,8. Gelblichgrüne Fasern und Überzüge mit Kopiapit.

Apatelit. Hexagonal. Spaltbarkeit nach d. Fl. (0001) vollkommen. Härte 3—3,3. Spez. Gew. 3,2. Farbe gelb, nierenförmig; erdige Konkretionen in Ton.

Karphosiderit. Härte 4—4,5. Spez. Gew. 2,5. Gelbe sechseckige Tafeln mit deutlicher Spaltbarkeit bilden nierenförmige Konkretionen in Sandstein. Gelb, trübe.

Utahit. Kleine braune rhomboedrische Kristalle mit gelbem Rand und in der Form dünnschuppiger Anflüge auf Quarz.

Raimondit. Hexagonal. Spaltbarkeit nach d. Fl. (0001) vollkommen. Härte 3—3,3. Spez. Gew. 3,2. Farbe honiggelb. Auf Zinnstein anzutreffen.

Planoferrit. In der Form sechsseitiger Tafeln von gelblichgrüner oder brauner Farbe mit Copiapit.

Glockerit. Bildet braune, glänzende, dünnschalige Stalaktiten.

Pissophan. Amorph, harzähnlich. Härte 1,5. Spez. Gew. 1,9—2. Durchscheinend. Farbe grün, braun oder gelb.

Voltaït. Mit unbedeutendem Gehalt an Zinkoxyd. Härte 3,4. Spez. Gew. 2,8. In der Form kleiner, glänzender, dunkelgrüner, würfelförmiger Kristalle.

Ferronatrit. Enthält noch Natriumoxyd. Hexagonal. Rosettenartige Gruppen kleiner, rhomboedrischer Kristalle von blaßgelber Farbe. Spaltbarkeit nach d. Fl. (1000). Härte 2. Spez. Gew. 2,5—2,6.

Quetenit. Enthält Manganoxydal. Monoklin. Härte 3. Spez. Gew. 2,1. Rötlichbraune, undeutlich gebildete prismatische, auf Kupfervitriol vorkommende Kristalle. Haben die Kristalle das Aussehen dunkelroter, stark glänzender Bipyramiden, so wird das Mineral als Rubrit bezeichnet.

Urusit. Enthält Natriumoxyd. Rhombisch. Die kleinen zitronengelben Kristalle sind nierenförmig gruppiert oder bilden pulverförmige Massen. Härte 2—2,5. Spez. Gew. 2,2—2,4.

2. Durch Kupferoxyde gefärbte Perle.

a) Liefert keinen Beschlag auf Kohle.

Chalkopyrit (Kupferkies) $CuFeS_2$; $Cu — 34{,}5$ vH. Tetragonal. Bruch uneben. Härte 3,5—4. Spez. Gew. 4,1—4,3. Farbe gelb, messinggelb. Metallglänzend, mitunter bunt angelaufen. Strich grünlichschwarz. Beim Erhitzen verbreitet er den Geruch von schwefliger Säure und zerknistert. Metallkorn magnetisch. Liefert mit Zuschlägen eine Reaktion auf Kupfer und Eisen. In Salpetersäure löslich. Derbe Massen mit Quarz in Erzgängen. Eingesprengt. Tritt auf in Begleitung von Schwefelerzen und Malachit.

Dem Chalkopyrit verwandt sind die folgenden Mineralien:

Chalkosin (Kupferglanz, Kupferglas, Redruthit) Cu_2S; $Cu —$ 79,8 vH. Rhombisch. Der Habitus der Kristalle fast hexagonal. Bruch uneben. Härte 2,5—3. Spez. Gew. 5,5—5,8. Farbe schwärzlich bleigrau. Metallglänzend. Strich dunkelgrau, glänzend. Zerknistert leicht vor der Lötrohrflamme. Schmilzt zu sprödem Metallkorn spritzend. Gibt mit Soda ein Kupferkorn. In Salpetersäure löslich.

Kristalle und derbe Massen mit Chalkopyrit, Bornit und Malachit vergesellschaftet. Kommt vor in Erzgängen sowie in Kupferschiefer.

Covellin (Kupferindig) CuS; $Cu - 66,4$ vH. Hexagonal. Vollkommene Spaltbarkeit nach d. Fl. (0001). Die Kristalle sind klein und selten. Härte 1,5—2. Spez. Gew. 4,59—4,63. Dünne Blättchen; biegsam. Halbmetallglänzend. Spaltfläche perlmutterartig. Dunkelindigoblau bis schwärzlichblau. Brennt vor dem Lötrohr mit blauer Flamme unter Ausscheidung von schwefliger Säure, wobei er zu einer Kugel schmilzt und zum Schluß ein Kupferkorn liefert. Tritt gewöhnlich in dichten Massen auf, ist feinkörnig und kommt zusammen mit Kupfer- und Schwefelkies, mitunter mit Sphalerit vor.

Bornit (Buntkupfererz, Buntkupferkies, Erubiscit). Cu_3FeS_3; $Cu - 55,5$ vH, $Fe - 16,4$ vH. Regulär. Die Kristalle sind selten, haben unebene, rauhe Kanten. Bruch uneben, weich und spröde. Härte 3. Spez. Gew. 4,9—5,4. Metallglänzend. Farbe bronzegelb in frischem Bruch; läuft dunkelblau an. Strich schwarz. Läuft vor dem Lötrohr auf Kohle zunächst dunkel an, wird dann schwärzlich und nach Abkühlung rot. Schmilzt zu dunkelgrauem, sprödem, magnetischem Korn mit gräulichrotem Bruch. Gibt mit Borax und Soda ein Kupferkorn. Scheidet in der Glasröhre schweflige Säure aus, jedoch ohne irgend welche Sublimation. Benetzt mit Salzsäure, färbt er die Flamme himmelblau. In starker Lösung von Salz- und Salpetersäure löslich unter Abscheiden von Schwefel. Tritt meistenteils in dichten Massen und eingesprengt auf, ebenso in Form von Knollen, Blättchen, Überzügen u. a. m. mit anderen Kupfererzen.

Dem Bornit nahe verwandt sind die folgenden Mineralien:

Castillit. Enthält Silber und Zink.

Stromeyerit. Enthält noch Ag_2S. Rhombisch. Die Kristalle sind säulig. Bruch muschelig. Härte 2,5—3. Spez. Gew. 6,2. Metallglänzend. Farbe dunkelstahlgrau. Schmilzt, aber sublimiert nicht. Schmilzt vor dem Lötrohr auf Kohle im Oxydationsfeuer zu einem halbgeschmeidigen Korn, das mit Flüssen stark auf Kupfer reagiert und mit Blei ein Silberkorn liefert,

Chalkantit (Kupfervitriol) $CuSO_4 . 5H_2O$; $Cu - 31,8$ vH. Triklin. Bruch muschelig. Härte 2,5. Spez. Gew. 2—2,3. Glasglänzend. Himmelblau. Metallischer, widerlicher Geschmack. Schmilzt leicht. In Wasser löslich. Gibt im Kolben Wasser, bei weiterer Erhitzung Schwefelanhydrid. Liefert vor dem Lötrohr auf Kohle mit Soda metallisches Kupfer. Ein Tropfen der wässerigen Lösung auf der Oberfläche von Eisen bedeckt diese mit dem ausscheidenden Kupfer.

Tritt selten in Kristallform auf; gewöhnlich durch Absetzen gebildet in Form von Überzügen und Krusten.

Stelzierit. Kleine, glänzende, grüne, rhombische Kristalle.

Kamyarezit. Kleine, grasgrüne, nadelförmige Kristalle, die in feinkörnigen Aggregaten vorkommen.

Serpierit. Enthält Zink und Calcium. Die sehr dünnen, grünlichblauen Täfelchen bilden nierenförmige Gruppen auf Zinkspat.

Connellit. Enthält Chlor. Hexagonal. Tritt auf in Form traubenartiger Aggregate, die aus kleinen, spitzen, hexagonalen, durchsichtigen, himmelblauen Kristallen bestehen. Scheidet reichlich Wasser aus. In Salz- und Salpetersäure löslich.

Kröhnlit. Enthält schwefelsaures Natron (Na_2SO_4). Langprismatische Kristalle oder stengelige, sehnige Aggregate von hellblauer Farbe.

Lettsomit. Enthält Al_2O_3. Rhombisch. Haarartige, sammetähnliche Kristalle von blauer Farbe.

Brochantit. $Cu_4SO_7 . 3H_2O$. Rhombisch. Die Kristalle allgemein kurzprismatisch. Vertikale Flächen gerillt. Die Kristalle zu Drusen vereint. Die Spaltbarkeit überaus vollkommen nach d. Fl. (010). Bruch uneben. Härte 3,5—4. Spez. Gew. 3,9. Glasglänzend. Farbe smaragd- und dunkelgrün, Strich hellgrün. Durchsichtig oder durchscheinend. In Wasser nicht löslich. Vor dem Lötrohr leicht schmelzbar. Liefert auf Kohle mit Soda ein Kupferkorn. Tritt auf in nierenförmigen Aggregaten von dünnstengeliger Struktur.

Dem Brochantit nahe verwandt sind die folgenden Mineralien:

Waringtonit $Cu_4SO_4 . 4H_2O$. Blaßblaue, mikrokristallische Aggregate.

Herrengrundit. Enthält noch $CaO . 2(CuOH)_2 SO_4 . Cu(OH)_2 . 3H_2O$; CuO — 49,4 vH. Monoklin. Dünne, sechsseitige Plättchen oder Täfelchen, die zusammen mit Gips auf Grauwackeschiefer vorkommen. Die Spaltbarkeit ist vollkommen nach d. Fl. (001). Härte 2,5. Spez. Gew. 3,2. Glasglänzend; auf der Fläche (001) perlmutterglänzend. Farbe smaragd- bis blaugrün. Brennt vor dem Lötrohr auf Kohle schwarz und schmilzt; liefert mit Soda ein Kupferkorn. Löslich in Salz- und Salpetersäure sowie in Ammoniak unter Fällung von schwefelsaurem Calcium.

Linarit (Bleilasur) $Pb_2Cu_2SO_5 . H_2O$. Monoklin. Die Spaltbarkeit überaus vollkommen nach d. Fl. (100); weniger vollkommen nach d. Fl. (001). Bruch muschelig. Härte 2,5. Spez. Gew. 5,3—5,45. Farbe lasurblau. Strich blaßhimmelblau. Diamantglänzend. Durchsichtig. Leicht löslich. Gibt in geschlossener Glasröhre ein wenig Wasser unter Verlust der blauen Farbe. Liefert auf Kohle im

Reduktionsfeuer ein Bleikorn; mit glasartiger Borsäure ein Kupferkorn. Tritt in Silberbleierzen auf.

b) Liefert einen Beschlag auf Kohle.

Tetraëdrit (Fahlerz) $Cu_8Sb_2S_7$; $Cu - 52,1$ vH. Regulär. Bruch muschelig oder uneben. Härte $3,0-4,5$. Spez. Gew. $4,4-5,1$. Metallglänzend. Farbe schwarz bis stahlgrau. Strich schwarz. Schmilzt vor dem Lötrohr. Entwickelt Antimonrauch. Liefert mit Soda ein Metallkorn, das die Flamme nach Benetzen mit Salzsäure blau färbt. Die körnigen Massen und gewachsenen Kristalle sind oft mit Quarz und Siderit vergesellschaftet. Nicht selten findet man es zusammen mit anderen Kupfererzen.

Durch Übergänge verbunden mit **Tennantit**, das statt Antimon Arsen enthält und durch die Formel bezeichnet wird $Cu_8As_2S_7$. Regulär. Die Kristalle haben oft die Form von Granatoëdern (110). Spez. Gew. $4,4-4,5$. Farbe dunkelstahlgrau. Strich braun oder kirschrot; mitunter auch schwarz. Entwickelt Arsenrauch und -geruch. Schmilzt leicht auf Kohle vor dem Lötrohr zu einer dunkelgrauen, mitunter magnetischen Kugel und liefert mit Soda ein Kupfereisenkorn.

Enargit $Cu_3As_2S_7$; $Cu - 48,3$ vH. Rhombisch. Spaltbarkeit nach d. Fl. (110) vollkommen. Bruch uneben. Härte 3. Spez. Gew. $4,4-4,46$. Spröde. Stark metallglänzend. Farbe eisenschwarz. Strich schwarz. Schmilzt leicht zum Metallkorn. Tritt auf in grobkörnigen Massen und säuligen Kristallen.

Polybasit (Eugenglanz) $(Ag,Cu)_9(Sb,As)S_6$; Ag bis zu 75,6 vH. Von hexagonalem Habitus, obgleich rhombisch. Bruch uneben. Härte 2. Spez. Gew. $6-6,2$. Metallglänzend. Schmilzt leicht auf Kohle, zerspritzend, gibt mit Soda ein kupferhaltiges Silberkorn. Wird durch Salpetersäure zersetzt. Dichte Massen mit Silbererzen in Gängen.

Clarit. Zusammensetzung wie bei Enargit. Monoklin. Härte 3,5. Spez. Gew. 4,5. Dunkelfarben. Die mehrere Zentimeter langen Kristalle sind gewöhnlich büschelförmig gewachsen.

Luzonit. Verhalten wie das des Enargit, kommt jedoch nur in dichten körnigen Massen vor, ohne Spuren von Spaltbarkeit zu offenbaren. Farbe dunkel, kupferrot.

Epigenit $4CuS.3FeS.As_2S_5$. Rhombisch. Die Kristalle haben das Aussehen kurzer Säulen. Bruch uneben. Härte 3,5. Metallglänzend. Farbe stahlgrau. Verhalten wie das des Tennantit.

3. Durch Kobaltoxyde gefärbte Perle.

Kobaltin (Kobaltglanz, Glanzkobalt) CoAs S; $Co-35,5$ vH. Regulär. Spaltbarkeit nach d. Fl. (100). Spröde. Bruch uneben.

Härte 3,5. Spez. Gew. 6—6,3. Metallglänzend. Farbe rötlich-silberweiß. Strich grauschwarz. Schmilzt leicht. Entwickelt auf Kohle Arsengeruch, gibt im Kolben keinen Arsenspiegel. Löslich in heißer Salpetersäure. Kristalle in Gneis verwachsen; Gänge mit Chalkopyrit.

Carrolit $CuCo_2S_4$; Cu — 20,5 vH, Co—38,8 vH. Härte 5,5. Spez. Gew. 4,85. Spröde. Bruch uneben. Farbe zinnweiß oder stahlgrau. Schmilzt vor dem Lötrohr zu einem weißen magnetischen Korn. Tritt auf zusammen mit Bornit.

Linnëit $(NiCo)_3S_4$; Co — 57,9 vH. Zusammensetzung veränderlich. Kobalt ist gewöhnlich bis zu einem gewissen Grade ersetzt durch Nickel, Eisen und Kupfer. Härte 5,5. Spez. Gew. 4,8—5,0. Entwickelt bei Ausglühen auf Kohle den Geruch von schwefliger Säure. Verhält sich im übrigen wie Kobaltin.

Alloklas $(Co,Fe)(As,Bi)$. Rhombisch. Spaltbarkeit nach d. Fl. (110) vollkommen. Härte 4,5. Spez. Gew. 6,6. Farbe stahlgrau. Strich grau. Schmilzt vor dem Lötrohr zu trüber Kugel. Starker Arsengeruch und gelber Wismutbeschlag. Tritt auf in stengeligen Aggregaten.

Glaukodot $(Co,Fe)AsS$; Co — 23,8 vH, Fe — 11,3 vH. Rhombisch. Spaltbarkeit deutlich wahrnehmbar nach d. Fl. (001) Bruch uneben. Härte 5. Spez. Gew. 5,9—6. Metallglänzend, undurchsichtig. Farbe zinnweiß. Strich schwarz. Schmilzt leicht. Arsengeruch auf Kohle und ein schwach magnetisches Korn. Verhält sich wie Kobaltin. Tritt in kleinkörnigen Massen auf.

4. Von Manganoxyden gefärbte Perle.

Alabandin MnS; Mn — 63 vH. Regulär. Spaltbarkeit nach d. Fl. (100) vollkommen. Bruch uneben. Härte 3,5—4. Spez. Gew. 3,9—4,1. Unvollkommen metallischer Glanz. Farbe von eisenschwarz bis dunkelstahlgrau. Bräunlichgrauer Anlauf. Strich schmutzig grün. Schmilzt schwer. Derbe blattartige Massen.

Hauerit MnS_2; Mn — 46 vH. Regulär. Härte 4. Spez. Gew. 3,5. Diamantglänzend. Halbmetallisch. Farbe dunkelrotbraun bis braunschwarz. Strich braunrot. Kristalle in Ton, Gips und kristallinen Schiefern.

Helvin $(Mn,Be,Fe)_7Si_3O_{12}S$. Regulär. Bruch uneben bis muschelig. Härte 6—6,5. Spez. Gew. 3,2—3,5. Glas- und pechglänzend, Farbe honiggelb, braun. Durchscheinend. Scheidet im Phosphorsalz das Skelett der Kieselsäure aus. Kocht im Reduktionsfeuer des Lötrohrs und schmilzt zu einem gelben, undurchsichtigen Korn zusammen. Wird durch Salzsäure zersetzt unter Abscheiden von Schwefelwasserstoff und gallertartiger Kieselsäure. Tritt auf in regulären Kristallen und in kugelförmigen Aggregaten in Gneis und Graphit.

5. Von Nickeloxyden gefärbte Perle.

Millerit (Haarkies, Nickelkies) NiS; Ni — 64,7 vH. Hexagonal. Überaus dünne, haarförmige Kristalle. Bruch uneben. Härte 3—3,5. Spez. Gew. 5,3—5,6. Metallglänzend. Farbe von messing- bis goldgelb, mitunter bunt anlaufend. Strich schwarz. Schmilzt leicht zu einer glänzenden Kugel. Liefert mit Soda ein Metallkorn. Löst sich in Salpetersäure mit grüner Farbe. Tritt auf in Spateisensteingängen und zusammen mit verschiedenen Kiesen.

Beyrichit. In allem mit Millerit übereinstimmend, nur von bleigrauer Farbe. Tritt auf mit Siderit und Quarz.

Gersdorffit NiAsS; Ni — 35,4 vH, As — 45,3 vH. Enthält stets als Beimenge Eisen und Kobalt. Regulär. Spaltbarkeit nach d. Fl. (100) vollkommen. Bruch uneben. Härte 5,5. Spez. Gew. 5,6—6,2. Metallglänzend. Farbe von stahlgrau bis silberweiß, dunkel anlaufend. Undurchsichtig. Strich grau. Zerknistert beim Erhitzen. Schmilzt leicht. Sublimiert in geschlossener Röhre. Wird durch Salpetersäure zersetzt, eine grüne Lösung unter Abscheiden von Schwefel bildend. Tritt hauptsächlich in körnigen Massen auf.

Ullmannit NiSbS; Ni — 27,8 vH, Sb — 57,0 vH. Regulär. Spaltbarkeit nach d. Fl. (100) vollkommen. Bruch uneben. Härte 5—5,5. Spez. Gew. 6,2. Metallglänzend. Farbe bleigrau, dunkel anlaufend. Strich dunkelgrau. Schmilzt leicht. Entwickelt Antimonrauch auf Kohle. Reagiert mit Borax ähnlich wie Gersdorffit. Dorbe körnige Massen mit Chalkopyrit und Sphalerit.

6. Von Molybdänoxyden gefärbte Perle.

Molybdänit (Molybdänglanz) MoS_2; Mo — 60,0 vH. Hexagonal. Spaltbarkeit nach d. Fl. (0001) vollkommen. Härte 1—1,5. Spez. Gew. 4,7. Mild und biegsam. Metallglänzend. Farbe bleigrau, graphitähnlich. Strich grau. Schmilzt nicht vor dem Lötrohr. Tritt auf mit Quarz. Eingesprengt, blättrige und schuppige Massen in verschiedenen kristallinischen Gesteinen.

II. Mineralien, die einen Beschlag auf Kohle liefern (die Boraxperle nicht färben).

1. Arsenbeschlag oder -rauch.

Realgar AsS; As — 70,1 vH. Monoklin. Spaltbarkeit ziemlich vollkommen nach d. Fl. (100). Bruch muschelig. Härte 1,5—2. Mild. Spez. Gew. 3,4—3,6. Fettglänzend. Farbe rot, durchscheinend.

Strich pomeranzenfarben. Schmilzt und verflüchtigt sich sehr leicht. Löslich in einer Lösung von Schwefel, Kalium und in Ätzlaugen. Durch die Einwirkung von Salzsäure scheidet die Lösung einen Niederschlag von zitronengelben Flocken aus. Die Kristalle finden sich, gewöhnlich vermengt mit Auripigment, in Erzgängen, in Dolomiten.

Auripigment (Rauchgelb, gelbe Arsenblende, Operment, Schwefelarsen) As_2S_3; As — 60,98 vH. Rhombisch. Spaltbarkeit vollkommen nach d. Fl. (010). Streifung der Spaltfläche. Härte 1,5—2. Spez. Gew. 3,4—3,5. Fett- und perlmutterglänzend; durchscheinend. Farbe von zitronen- bis pomeranzengelb. Strich gelb. Brennt in der Flamme, ist vollkommen flüchtig. Wird im Kolben sublimiert ohne Veränderung. Wird aufgelöst in einer Schwefelkaliumlösung und Ätzlaugen. Tritt auf in blättrigen Massen mit Realgar. Knollen im Ton.

Proustit (Arsensilberblende, lichtes Rotgiltigerz, Rubinblende) Ag_3AsS_3; Ag — 65,4 vH; As — 15,2 vH; S — 19,4 vH. Hexagonal. Bruch muschelig. Härte 2,5. Spez. Gew. 5,6. Diamantglänzend. Durchsichtig bis durchscheinend. Farbe cochenillerot. Strich gelblichrot. Schmilzt leicht. Entwickelt vor dem Lötrohr Arsengeruch. Gibt mit Soda ein Silberkorn.

Xanthokon Ag_3AsS_4; Ag — 61,4 vH. Hexagonal. Die kleinen Kristalle haben das Aussehen dünner Tafeln. Spröde, zerbröckelt leicht. Härte 2. Spez. Gew. 5,2. Diamantglänzend, stark durchscheinend. Farbe gelblichrot. Im Kolben geht bei Beginn der Erwärmung die gelbe Farbe in dunkelrot über. Beim Abkühlen kehrt die ursprüngliche Farbe wieder. Schmilzt bei höherer Temperatur. Verhält sich vor dem Lötrohr wie Proustit.

Stylotyp. Enthält ergänzend Kupfer, Eisen, Zink und Wismut. $3(Cu_2Ag_2Fe)S.Sb_2S_3$. Rhombisch. Härte 3. Spez. Gew. 4,8. Metallglänzend. Farbe schwarz. Zerknistert vor dem Lötrohr. Schmilzt leicht zu einem stahlgrauen Magnetkorn. Tritt auf in dichten körnigen Massen.

2. Zinnbeschlag oder dämpfe.

Pyrargyrit (Antimonsilberblende, dunkles Rotgiltigerz) Ag_3SbS_3; Ag — 59,9 vH; Sb — 22,3 vH; S — 17,8 vH. Hexagonal. Die Spaltbarkeit deutlich wahrnehmbar nach d. Fl. (1011). Bruch muschelig. Härte 2,5—3. Spez. Gew. 5,8. Halbmetallischer Diamantglanz. Durchscheinend. Farbe rötlichblaugrau. Schmilzt leicht, zerspritzend. Liefert vor dem Lötrohr mit Soda ein Silberkorn. Tritt mit Proustit zusammen auf.

Pyrostilpnit hat die gleiche Zusammensetzung wie Pyrargyrit. Tritt auf in kleinen, dünnen Tafeln von pomeranzengelber Farbe.

Stylotyp (s. S. 53).

Miargyrit $AgSbS_2$; Ag — 36,9 vH; Sb — 41,2 vH; S — 21,9 vH. Monoklin. Bruch muschelig. Härte 2,5. Spez. Gew. 5,1. Metallglänzend. Farbe bleigrau bis schwarz. Strich kirschrot. Schmilzt leicht. Wird durch Salpetersäure zersetzt. Tritt auf in Silbererzgängen.

Boulangerit $Pb_3Sb_2S_6$; Pb — 58,9 vH; Sb —·25,0 vH. Rhombisch. Härte 2,5—3. Spez. Gew. 5,7. Bruch uneben. Metallglänzend. Farbe blaubleigrau. Strich schwarz. Schmilzt leicht vor dem Lötrohr. Bleikorn. Tritt auf in feinkörnigen, faserigen, stengligen und derben Massen.

Freieslebenit $(PbAg_2)_5Sb_4S_{11}$; Ag — 24,5 vH; Pb — 31,3 vH. Monoklin. Die Kristalle sind schilfrohrähnlich. Bruch muschelig bis uneben. Härte 2,5. Spez. Gew. 6,2—6,4. Metallglänzend. Farbe zwischen stahlgrau, schwärzlich-blaugrau und silberweiß. Schmilzt rasch im Glasrohr. Scheidet schweflige Säure und Antimondämpfe aus, die ein weißes Sublimat bilden. Schmilzt rasch auf Kohle vor dem Lötrohr; gibt ein weißes und gelbes Sublimat und hinterläßt ein Silberkorn, das mit Borax mitunter eine Reaktion auf Kupfer liefert. Tritt auf derb und eingesprengt.

Diaphorit. Die gleiche Zusammensetzung, kristallisiert jedoch rhombisch. Spez. Gew. 5,90. Die Kristalle sind klein, mitunter sehr flächenreich. Metallglänzend. Ist dem Freieslebenit sehr ähnlich. Farbe stahlgrau.

Bournonit (Schwarzspießglanzbleierz, Spießglanzerz) Cu_2Pb_2. Sb_2S_6; Pb — 42,5 vH; Cu — 13,0 vH. Rhombisch. Tafelförmige Kristalle. Spröde. Härte 2,5—3,5. Spez. Gew. 5,7—5,9. Bruch flachmuschelig bis uneben. Metallglänzend. Farbe grau bis schwarz. Schmilzt leicht und liefert mit Soda auf Kohle ein Kupferkorn. Färbt die Flamme vor dem Lötrohr blau. Wird durch Salpetersäure zersetzt; gibt eine blaue Lösung unter Abscheidung von Schwefel. Tritt auf in aufgewachsenen Kristallen, körnigen Massen mit Galenit, Sphalerit und anderen Erzen.

Pyrostibit Sb_2S_2O. Monoklin. Spaltbarkeit vollkommen nach d. Fl. (100). Härte 1—1,5. Spez. Gew. 4,5—4,6. Die Kristalle haben das Aussehen dünner Nadeln oder Haare und sind zum größten Teil zu Büscheln verbunden. Diamantglänzend. Durchscheinend. Farbe kirschrot. Leicht schmelzbar. Verhält sich wie Antimonit. Tritt auf in dichten Massen und eingesprengt, in strahlig-faserigen Aggregaten.

Antimonit (Antimonglanz, Stibnit, Grauspießglanz) Sb_2S_3; Sb — 71,4 vH; S — 28,6 vH. Rhombisch. Kristalle prismatisch, zugespitzt, oft verkrümmt und gebogen. Nadelförmige und strahlige Aggregate. Spaltbarkeit sehr vollkommen nach d. Fl. (010). Die Spaltflächen mit horizontalen Strichen bedeckt. Bruch schwachmuschelig. Härte 2. Spez. Gew. 4,5—4,6. Stark metallglänzend. Farbe blei- oder stahlgrau. Oft schwarz oder bunt angelaufen. Schmilzt leicht, selbst in der Kerzenflamme, die Flamme grünlich färbend. Löslich in heißer Salzsäure unter Abscheiden von Schwefelwasserstoff. Kleine Stücke von Antimonglanz bedecken sich bei der einige Minuten währenden Einwirkung einer kalten Lösung von Kalilauge oder von kochendem Barytwasser mit rotem Kermes (einem Gemenge von Sb_2S_3 und Sb_2O_3). Dank dieser Reaktion können kleine Mengen von Antimonglanz in anderen Mineralien festgestellt werden. Tritt auf in Granit und Gneisen zusammen mit Quarz in Adern, mitunter Lagern in Form derber, meist strahliger Ansammlungen. Kommt gleichfalls auf Erzgängen zusammen mit anderen Schwefelmineralien vor.

Stephanit (Sprödglaserz) Ag_5SbS_4; Ag — 68,5 vH; Sb — 15—20 vH. Häufig eine Beimenge von Arsen, Eisen und Kupfer. Rhombisch. Bruch muschelig. Härte 2—2,5. Spez. Gew. 6,2—6,3. Metallglänzend. Farbe schwarz. Zerknistert in Kolben, schmilzt und sublimiert Schwefelantimon. Schmilzt auf Kohle zu einem dunkelgrauen Korn, das im Reduktionsfeuer, mitunter nur bei einem Zusatz von Soda, ein Silberkorn liefert. Tritt gewöhnlich in dichten Massen, eingesprengt, in der Form von Überzügen, kleinen Adern u. a. m. auf.

Geokronit $PbSSb_2S_3$; Pb — 67,7 vH. Mit unwesentlichem Gehalt an Arsen und Kupfer. Rhombisch. Bruch uneben. Härte 2,5. Spez. Gew. 6,3—6,4. Metallglänzend. Farbe lichtbleigrau, dunkel anlaufend. Verhält sich wie Zinckenit. Tritt derb auf.

Kilbrickenit $6\,PbSSb_2S_3$. Dem Geokronit sehr nahe verwandt.

Zinckenit $PbSb_2S_4$; Pb — 35,9 vH; Sb — 41,8 vH; S — 22,3 vH. Rhombisch. Lange nadelförmige Kristalle mit vertikaler Streifung und tiefen Furchen, zu Büscheln und Drusen verbunden. Bruch uneben. Härte 3,5. Spez. Gew. 5,3—5,35. Metallglänzend. Farbe dunkel, stahlgrau, mitunter bunt anlaufend. Strich schwarz. Zerknistert vor dem Lötrohr, schmilzt leicht, scheidet Antimondämpfe aus und hinterläßt am Ende der Operation einen kleinen kupfer- und eisenhaltigen Überrest. Gibt mit Soda im Reduktionsfeuer ein Bleikorn. Tritt auf in dichten Massen, in säuligen Aggregaten.

Wolfsbergit (Kupferantimonglanz) $CuSSb_2S_3$; Cu — 25,6 vH; Sb — 48,5 vH. Rhombisch. Die Kristalle sind tafelförmig oder prismatisch. Spaltbarkeit vollkommen nach d. Fl. (001). Härte 3,4. Spez. Gew. 4,7—5. Stark glänzend. Farbe bleigrau bis eisenschwarz, mitunter bunt anlaufend. Strich schwarz und matt. Zerknistert vor dem Lötrohr und schmilzt leicht. Gibt auf Kohle einen weißen Beschlag von Antimonoxyd und liefert nach längerem Schmelzen mit Soda ein Kupferkorn. Tritt in dichten Massen eingesprengt auf, feinkörnige Aggregate bildend.

3. Wismutbeschlag.

Bismutin (Wismutglanz) Bi_2S_3; Bi — 81,2 vH. Rhombisch. Die Kristalle sind fast stets längssäulen- bis nadelförmig. Spaltbarkeit vollkommen nach d. Fl. (010). Bruch unvollkommen muschelig. Härte 2. Läßt sich ein wenig mit dem Messer schneiden. Spez. Gew. 6,4—6,5. Metallglänzend. Farbe zwischen bleigrau und zinnweiß, gelb oder bunt anlaufend. Strich grau. Vor dem Lötrohr sehr leicht schmelzbar, wobei er kocht und spritzt. Liefert im Reduktionsfeuer ein Wismutkorn. Gibt beim Schmelzen mit Jodkalium einen roten Beschlag Wismutjodid. Der rote, sehr flüchtige Beschlag ist gewöhnlich von einem weißen oder gelben Beschlag umsäumt, der sich ursprünglich um die Probe herum bildet. Hierauf verblaßt allmählich der rote Beschlag und wird gelb. Tritt auf in dichten Massen in körnigen, säuligen, faserigen und blätterigen Aggregaten, sowie eingesprengt.

Tetradymit Bi_2Te_2S. Hexagonal. Die Kristalle sind klein, rhomboedrisch oder tafelförmig und zum größten Teil eingewachsen. Spaltbarkeit sehr vollkommen nach d. Fl. (0001). In Platten biegsam. Härte 1,5—2. Spez. Gew. 7,2—7,6. Hinterläßt auf Papier einen Strich. Im allgemeinen schwach glänzend, in den Bruchflächen stark glänzend. Farbe zwischen bleiweiß und stahlgrau. Schmilzt leicht vor dem Lötrohr auf Kohle unter Abscheiden von schwefliger Säure, wobei die Kohle sich mit einem gelben und weißen Beschlag bedeckt und ein Metallkorn liefert, das bei weiterem Blasen völlig verschwindet. Tritt in dichten Massen in körnig-blätterigen Aggregaten auf.

Joseït. Ein wenig verschieden von dem Tetradymit. Tritt in Form dünner bis zu 1″ langer, etwas biegsamer und stark glänzender Plättchen auf. Seine Zusammensetzung läßt sich durch die Formel ausdrücken: $Bi_3Te(S,Se)$.

Grünlingit Bi_4S_3Te. Unterscheidet sich dem Aussehen nach und in kristallographischer Hinsicht, trotz einer gewissen Abweichung in der Zusammensetzung, kaum vom Tetradymit.

Ebenso hat er große Ähnlichkeit mit Wehrlit (Pilsenit) Bi_8Te_5S, das ein wenig Silber enthält. Härte 1—2, Spez. Gew. 8,4—8,45.

4. Kadmiumbeschlag.

Greenockit (Schwefelkadmium) CdS; Cd — 77,7 vH. Hexagonal. Spaltbarkeit nach d. Fl. (1120). Bruch muschelig. Härte 3—3,5. Spez. Gew. 4,9—5. Diamantfettigglänzend. Durchscheinend. Farbe honig- oder pomeranzengelb; selten braun. Strich orangefarben. Gibt vor dem Lötrohr auf Kohle mit Soda einen rötlich-braunen Beschlag. Löst sich in Salzsäure auf unter Abscheiden von Schwefelwasserstoff. Die Kristalle sind sehr klein und treten einzeln gewachsen auf.

Wurtzit. In bezug auf die chemische Zusammensetzung identisch mit Zinkblende, d. h. ZnS, wobei ein Teil des Zinksulfids durch Eisen- und Kadmiumsulfid ersetzt ist. Hexagonal. Härte 3,5—4. Spez. Gew. 3,98—4,07. Pechglänzend. Farbe bräunlichschwarz. Strich hellbraun.

5. Zinkbeschlag.

Sphalerit (Zinkblende) ZnS; Zn — 67 vH. Enthält vielfach Eisen, Mangan, mitunter Kadmium, Quecksilber, sowie Spuren seltener Elemente wie Indium, Gallium, Thallium und Silber, Gold. Regulär. Spaltbarkeit vollkommen nach d. Fl. (110). Bruch muschelig. Härte 3,5—4. Spez. Gew. 3,9—4,3. Diamant- oder pechglänzend, in den dunklen Varietäten dem Metallglanz zuneigend. Farbe gelb, rot, grün, am häufigsten jedoch braun oder schwarz. Pyroelektrisch. Im Kolben werden Schwefeldämpfe ausgeschieden und die Färbung ändert sich. Zerknistert vor dem Lötrohr und schmilzt nur sehr schwer an den Ecken. Es bildet sich ein Beschlag von Zinkoxyd. Der Zinkbeschlag gibt mit Kobaltlösung im Oxydationsfeuer eine grüne Färbung. Hellgrüne Flammenfärbung (Zn) mit Soda auf Kohle im Oxydationsfeuer. Löst sich in Salzsäure unter Abscheiden von Schwefelwasserstoff auf. Einige Abarten phosphoreszieren bei der Spaltung. Findet sich auf Gängen zusammen mit Bleiblende, mit dem es zuweilen in dünnen Schichten wechselt, mit Flußspat, Schwefelkies, Silbererzen, Schwer- und Kalkspat, Quarz und anderen Mineralien.

Wurtzit. Außer Zink noch Kadmium vorhanden (S. oben).

Marmatit $3ZnS + FeS$. Enthält 22,9 vH. FeS.

Christophit. Farbe sammetschwarz. Die Zusammensetzung läßt sich durch die Formel ausdrücken: $2ZnSFeS$.

Przibramat. Enthält bis zu 5 vH Kadmium.

Goslarit (Zinkvitriol) $ZnSO_4.7H_2O$; ZnO — 28 vH; SO_3 — 27,9 vH. Rhombisch. Spaltbarkeit vollkommen nach d. Fl. (010). Härte 2—2,5. Spez. Gew. 2—2,1. Glasglänzend. Farblos oder grauweiß, bläulich, rötlich. Geschmack herb und unangenehm. Gibt im Kolben viel Wasser. In Wasser leicht löslich. Schmilzt leicht. Die Schmelze wird nach Glühen mit Kobaltlösung grün. Tritt meist in körnigen Aggregaten auf, die ein nierenförmiges Aussehen haben oder als Kruste auftreten. Ein Produkt der Verwitterung von Zinkblende.

6. Bleibeschlag.

Galenit (Bleiglanz) PbS; Pb — 86,6 vH. Regulär. Spaltbarkeit sehr vollkommen nach d. Fl. (100). Spröde. Härte 2,5—2,75. Spez. Gew. 7,4—7,6. Metallglänzend. Farbe bleigrau mit einem Stich ins Rötliche, mitunter bunt anlaufend. Undurchsichtig. Strich gräulichschwarz. Schmilzt vor dem Lötrohr und gibt mit Soda ein Bleikorn und einen Beschlag. Wird zersetzt in konzentrierter Salpetersäure unter Abscheidung von Schwefel und Bildung von schwefelsaurem Blei. Tritt am häufigsten in grob- und feinkörnigen Massen, oftmals zusammen mit Quarz, Zinkblende und Kupferkies, auf.

Anglesit (Bleivitriol) $PbSO_4$; PbO — 73,6 vH. Rhombisch. Härte 3. Spez. Gew. 6,2—6,3. Überaus spröde. Diamant-, pechglänzend. Farbe weiß und grau. Zerknistert im Kolben. Schmilzt auf Kohle zu milchweißem Korn. Schwer löslich in Salpetersäure. Tritt zusammen mit dem Galenit am häufigsten als kleine, in Drusen aufgewachsene Kristalle auf. Siehe auch S. 63.

7. Tellur- und Selenbeschlag.

Nagyagit (Blättererz). Eine Sulfotellurverbindung von Blei und Gold, mit Zinngehalt bis zu 7 vH und unbedeutenden Mengen von Silber und Kupfer. Pb — 51,61 vH; An — 9,13 vH; Te — 15,32 vH; S — 3,10 vH. Rhombisch. Kristalle tafelförmig; Struktur mitunter körnig; gewöhnlich blätterig. Spaltbarkeit vollkommen nach d. Fl. (101). In dünnen Blättchen biegsam. Härte 1—1,5. Spez. Gew. 6,8—7,2. Stark metallglänzend. Farbe und Strich dunkel, stahlgrau. Undurchsichtig. Gibt in der offenen Röhre neben der Probe ein graues Tellur- und Antimonsublimat. Ferner ein Sublimat von Antimontrioxyd, das sich in der Flamme verflüchtigt, und ein Sublimat von Tellurdioxyd, das zu einer farblosen Kugel zusammenschmilzt. Vor dem Lötrohr bilden sich auf Kohle zwei Beschläge; ein weißer, flüchtiger, aus einem Gemisch von Antimonat, Tellurat und Bleisulfat bestehend und ein anderer, gelber, nicht flüchtiger Beschlag von Bleioxyd. Liefert im Oxydationsfeuer ein geschmeidiges Goldkorn. Löslich in Königswasser.

Sylvanit (Schrifterz) $AuAgTe_4$; Au — 25 vH, Ag — 13 vH, Te — 62 vH. Monoklin. Kristalle klein, undeutlich; meist in Reihen gruppiert. Spaltbarkeit vollkommen nach d. Fl. (010). Bruch uneben. Härte 1,5 — 2. Spez. Gew. 8 — 8,3. Metallglänzend. Farbe silberweiß, zinnweiß, licht stahlgrau oder speisgelb. Strich grauglänzend. Schmilzt leicht. Reaktion auf Gold und Silber vor dem Lötrohr. In Salpetersäure nicht vollkommen löslich.

Selenblei (Clausthalit) PbSe; Pb — 72 vH. Regulär. Spaltbarkeit nach d. Fl. (100). Bruch hörnig. Härte 2,5 — 3. Spez. Gew. 7,6 — 8,8. Metallglänzend. Farbe bleigrau, mitunter bläulich. Zerknistert im Kolben. Gibt in der offenen Röhre Selendämpfe und ein rotes Sublimat. Schmilzt zum Teil auf Kohle. Neben der Probe ergibt sich ein grauer Beschlag mit rotem Saum (Se), späterhin ein gelber (PbO). Gibt mit Soda ein metallisches Bleikorn.

Analog dem Selenblei ist Selen bekannt in den Selenverbindungen mit Kupfer, Silber, Quecksilber, Schwefel, Tellur. Ähnlich dem Selen bildet Tellur Verbindungen mit den gleichen Elementen (Altait PbTe, Hessit Ag_2Te u. a. m.).

Tetradymit und **Joseit** (Bi, Te) s. S. 56 unten.

III. Mineralien, die nach dem Glühen oder Schmelzen eine alkalische Reaktion auf Kurkumapapier liefern.

1. In Wasser nicht löslich.

Anhydrit (Karstenit, Muriacit) $CaSO_4$; CaO — 41,28 vH. Rhombisch. Spaltbarkeit sehr vollkommen nach d. Fl. (001) und vollkommen nach d. Fl. (010). Bruch uneben. Härte 3 — 3,5. Spez. Gew. 2,9 — 3. Glasglänzend, Spaltflächen perlmutterglänzend. Farblos oder weiß, vielfach jedoch bläulichgrau, smalteblau und violett sowie rötlichweiß, fleischrot, graulichweiß und rauchgrau gefärbt. Durchsichtig oder durchscheinend. Vor dem Lötrohr nur mit Mühe zu weißer Emaille schmelzend. Tritt gewöhnlich in dichten Massen, von körniger oder derber Struktur auf, sowie in säuligen Aggregaten.

Gips $CaSO_4 \cdot 2H_2O$; CaO — 32,5 vH, SO_3 — 46,5 vH. Monoklin. Spaltbarkeit vollkommen nach d. Fl. (010). Bruch muschelig. Härte 1,5 — 2. Spez. Gew. 2,3. Glasglänzend, die Spaltfläche perlmutterglänzend. Durchsichtig und farblos, mitunter undurchsichtig. Oft weiß, grau, rot, gelb, braun und sogar schwarz gefärbt. Vor dem Lötrohr wird der glimmerartig undurchsichtige Gips trübe und weißlich, zu weißer Emaille verschmelzend, die eine alkalische Reaktion gibt. Tritt besonders häufig in Salzlagerstätten in der Form aufgewachsener Kristalle auf. Blättrige, körnige und faserige Massen in Sedimentgesteinen.

Baryt (Schwerspat, Schwererde) $BaSO_4$; BaO — 65 vH. Die Barytkristalle sind blättrig, gut ausgebildet, in Drusen gewachsen, zuweilen in Form von Rosetten, von etlichen mm bis zu $10-15$ cm lang. Rhombisch. Spaltbarkeit vollkommen nach d. Fl. (110). Bruch uneben. Spröde. Härte $2,5-3$. Spez. Gew. $4,3-4,7$. Glasglänzend. Farblos, mitunter durchsichtig wie Wasser, meistenteils jedoch rötlichweiß, fleischrot, gelblich, grau, bläulich, grünlich und braun gefärbt. Zerknistert stark vor dem Lötrohr und schmilzt schwer, gewöhnlich erfährt er nur eine Abrundung an den Kanten, wobei die Flamme gelblichgrün gefärbt wird. In Säuren nicht löslich. Tritt auf in schalenförmigen, säuligen, faserigen, körnigen und derben Aggregaten.

Barytocölestin Isomorphe Mischung von $BaSO_4$ und $SrSO_4$. Die Kristallwinkel bilden eine Mittelgröße zwischen den entsprechenden Kristallwinkeln von Schwerspat und Cölestin. Die Kristalle sind selten. Meist bilden sich radialstrahlige Aggregate in gewöhnlichem Kalkstein und Mergel oder erdige Massen. Härte 2,5. Spez. Gew. $4,1-4,2$.

Cölestin (schwefelsaures Strontium) $SrSO_4$; SrO — 56,4 vH. Rhombisch. Die Kristalle meist prismatisch, ausgezogen oder tafelförmig erscheinend, wobei sie gewöhnlich zu Drusen vereinigt sind. Spaltbarkeit nach d. Fl. (001) vollkommen, nach (110) weniger vollkommen. Bruch uneben. Härte $3-3,5$. Spez. Gew. $3,95-3,97$. Glasglanz, in Perlmutterglanz übergehend. Farblos, durchsichtig wie Wasser. Häufiger bläulichweiß und schwarz, smalte- und indigoblau, seltener gelblich und rötlich gefärbt. Zerknistert vor dem Lötrohr und schmilzt ziemlich leicht zu einem milchigweißen Korn, wobei die Flamme karminrot gefärbt wird. Tritt häufiger auf in dichten Massen in Zwischenlagern und Klüften von parallelfaseriger Struktur und in nierenförmigen Aggregaten von körniger und derber Struktur.

Alunit Alaunstein. S. ausführlich S. 63.

2. In Wasser löslich.

Polyhalit $2CaSO_4.MgSO_4.K_2SO_4.2H_2O$; $CaSO_4$ — 45,2 vH; K_2SO_4 — 28,9 vH, $MgSO_4$ — 19,9 vH. Rhombisch oder monoklin. Härte $2,5-3,4$. Spez. Gew. $2,77-2,78$. Pechglänzend. Farblos, größtenteils jedoch fleischrot oder ziegelrot, seltener grün gefärbt. Durchscheinend an den Kanten. In Wasser löslich unter Fällung von Gips. Nach Entziehung von Wasser wird er zunächst hart, bläht sich späterhin jedoch stark auf und zersetzt sich noch leichter. Schmilzt auf Kohle sehr leicht zu einem undurchsichtigen, rötlichen Korn, das im Reduktionsfeuer sich verhärtet, weiß wird und sich in eine lückige Kruste verwandelt. Tritt auf in parallelsäuligen, faserigen und derben Aggregaten mit Gips und Anhydrit.

Glauberit $Na_2SO_4.CaSO_4$; Na_2O — 22,3 vH, CaO — 18,7 vH. Monoklin. Spaltbarkeit vollkommen nach d. Fl. (001). Die Kristalle haben das Aussehen dicker Tafeln. Bruch muschelig. Härte 2,5 — 3. Spez. Gew. 2,7 — 2,85. Glas- oder fettglänzend. Farblos, gelblich oder rötlich. Durchsichtig oder nur durchscheinend. In feuchter Luft bedeckt er sich jedoch an der Oberfläche mit kleinen Gipskristallen und wird undurchsichtig. Leicht salziger Geschmack. In Salzsäure löslich, zerknistert stark vor dem Lötrohr, schmilzt leicht zu einem durchsichtigen Glas. Tritt meist in dichten Massen in Salzlagerstätten auf.

Thenardit. Na_2SO_4; Na_2O — 43,68 vH und SO_3 — 56,32 vH. Die Kristalle sind entweder zu Drusen zusammengeschlossen oder bilden eine Kruste. Bruch muschelig. Rhombisch. Härte 2,3. Spez. Gew. 2,6 — 2,7. Glasglänzend. Farblos und durchsichtig, oft jedoch ein wenig rötlich, durchsichtig. In Wasser leicht löslich. Geschmack salzig. Färbt die Flamme gelb und schmilzt vor dem Lötrohr. Reduziert auf Kohle zu Natriumsulfid. Tritt auf in Salzlagerstätten.

Glaserit $(K, Na)_2SO_4$, wobei K_2O vorherrscht. Hexagonal. Deutliche Spaltbarkeit nach d. Fl. (1010). Kleine Einzelkristalle oder Gruppen. Härte 3 — 3,5. Spez. Gew. 2,65. Glasglänzend. Farblos, bläulich, grünlich. Durchscheinend oder durchsichtig. Geschmack bittersalzig. Zerknistert und schmilzt vor dem Lötrohr, die Flamme violett färbend. Kristallisiert beim Erstarren. Die wässerige Lösung gibt einen Niederschlag von Weinsäure und Chlorbaryum. Tritt zusammen mit Steinsalz auf.

Epsomit $MgSO_4.7H_2O$; MgO — 16,0 vH, SO_3 — 32,5 vH. Rhombisch. Die Kristalle sind gewöhnlich von prismatischer Form. Spaltbarkeit vollkommen nach d. Fl. (010). Bruch muschelig. Härte 2,0 — 2,5. Spez. Gew. 1,7 — 1,75. Glasglänzend. Farblos und durchsichtig. Geschmack bittersalzig. In Wasser leicht löslich. Gibt im Kolben Wasser und schmilzt, verändert sich aber später nicht. Schmilzt zunächst auf Kohle, verliert dann sein Wasser und schweflige Säure, beginnt zu leuchten und gibt eine

alkalische Reaktion. Mit Kobaltlösung gibt er im Oxydationsfeuer eine blaßrote Färbung. Tritt auf in körnigen, faserigen und
erdigen Aggregaten als Ausblühung oder Beschlag an der Erd-
oberfläche und auf verschiedenen Gesteinsarten.

Kieserit $MgSO_4 . H_2O$; MgO — 29 vH, SO_3 — 58 vH. Monoklin. Spaltbarkeit vollkommen nach d. Fl. (111) und (113). Spröde.
Härte 3,35. Spez. Gew. 2,5. Glasglänzend. Farblos, grauweiß
oder gelblich. Durchscheinend. Schmilzt leicht. Bedeckt sich
an der Luft infolge Verwitterung rasch mit einer Kruste und
geht allmählich in Bittersalz über. Löst sich in Wasser langsam,
aber vollkommen. Etwas mit Wasser befeuchtet, erhärtet er ähnlich dem gebrannten Gips. Tritt in dichten Massen in feinkörnigen oder derben, ganze Flöze bildenden Aggregaten auf.

Löweït $MgSO_4 . Na_2SO_4 . 5H_2O$; MgO — 14 vH, Na_2O — 20 vH.
Tetragonal. Klare Spaltbarkeit nach d. Fl. (001). Bruch muschelig.
Härte 2,5 — 3. Spez. Gew. 2,37. Glasglänzend. Farbe gelblichweiß,
gelb, fleischrot. Erinnert mitunter an einen feurigen Opal. Gibt
im Kolben Wasser. Leicht löslich. Tritt fast ausschließlich in dichten, körnigen Massen auf.

Mirabilit (Glaubersalz) $Na_2SO_4 . 10H_2O$; Na_2O — 19,3 vH,
SO_3 — 24,8 vH. Monoklin. Die Kristalle sind meist langgezogen.
Spaltbarkeit sehr vollkommen nach d. Fl. (100). Härte 1,5 — 2.
Spez. Gew. 1,4 — 1,5. In Wasser leicht löslich. Farblos und durchsichtig. Geschmack kühlend und bittersalzig. Schmilzt im Kolben
im eigenen Kristallisationswasser. Färbt die Flamme beim Schmelzen im Platindraht rötlichgelb. Tritt meistens als Beschlag oder
als Kruste verschiedener Gesteinsarten und an den Mauern alter
Gebäude auf.

Kainit $MgSO_4 . KCl . 3H_2O$; MgO — 16,1 vH; K_2O — 12,9 vH,
SO_3 — 32,1 vH. Monoklin. Die Kristalle sind meist tafelförmig.
Spaltbarkeit sehr deutlich nach d. Fl. (110), deutlich nach d. Fl.
(010) und (111). Härte 2,5 — 3. Spez. Gew. 2,07 — 2,18. Glasglänzend. Farblos, lichtgrau, gelblich, mitunter fleischrot. Kainit
wird an der Luft nicht feucht, im Wasser jedoch zersetzt es sich
und ist leicht löslich. Kommt meist vermischt mit Steinsalz unter
sogenannten Abraumsalzen vor.

Kalialaun $K_2SO_4 . Al_2(SO_4)_2 . 24H_2O$. Regulär. Härte 2 — 2,5.
Spez. Gew. 1,7 — 1,9. Glasglänzend. Farblos. Schmilzt im Kolben,
bläht sich auf und scheidet Wasser aus. Die getrocknete Masse
scheidet bei Rotglut Schwefeldioxyd aus und nimmt mit Kobaltlösung eine intensive blaue Farbe an. Tritt meist als Beschlag
auf Tongesteinen und selten deutlich kristallisiert auf.

IV. Mineralien, die in den vorgenannten Gruppen nicht enthalten sind.

1. Ein Metallkorn liefernde Mineralien.

Anglesit (Bleivitriol) $PbSO_4$; PbO — 73,6 vH. Rhombisch. Die Kristalle, die sich oft durch große Komplikation der Kombinationen auszeichnen, haben tafelförmiges Aussehen. Die Kristalle sind meist klein und kommen entweder einzeln oder in Drusen vor. Die Spaltbarkeit ist deutlich nach d. Fl. (001) und (110). Bruch muschelig. Härte 2,75—3. Spez. Gew. 6,12—6,4. Spröde. Diamant-, mitunter pech- oder glasglänzend. Farbe weiß, grau, gelb, grün, bisweilen himmelblau. Durchsichtig oder nur durchscheinend. Pseudomorphosen nach Bleiglanz, zuweilen auch nach Weißbleierz. Zerknistert im Kolben. Schmilzt auf Kohle im Oxydationsfeuer zu durchsichtigem Korn, das bei Abkühlung milchigweiße Farbe annimmt. Gibt im Reduktionsfeuer ein Bleikorn. Liefert auf Kohle mit Soda im Reduktionsfeuer gleichfalls ein Metallkorn, wobei das Soda von Kohle absorbiert wird. In Salpetersäure schwer löslich. Faserige Aggregate in Braun- oder Steinkohle. Tritt auch auf in Form schwarzer, erdiger Massen.

Argentit (Glaserz, Silberglanz). Ag_2S; Ag — 87,0 vH. Regulär. Die Kristalle im allgemeinen würfelartig, vielfach Oktaeder und Dodekaeder. Bruch uneben, hakenförmig. Das Mineral ist geschmeidig und biegsam. Härte 2—2,5. Spez. Gew. 7,2—7,4. Metallglänzend, milde; im Strich mehr bemerkbar. Undurchsichtig. Farbe schwärzlich-bleigrau, oft schwarz oder braun anlaufend. Schmilzt vor dem Lötrohr auf Kohle, wobei es sich stark bläht, schwefelige Säure ausscheidet und ein Silberkorn hinterläßt. Scheidet in der offenen Röhre gleichfalls schwefelige Säure aus. Löst sich in Salpetersäure unter Abscheidung von Schwefel; durch Zusatz von Salzsäure erhält man einen Niederschlag von Chlorsilber. Löslich in Ammoniak. Argentit kristallisiert auch draht-, zahn- und baumförmig, in Drusen, stufen- und netzförmigen Gruppen, sowie in Form von Platten, Überzügen, in dichten Massen und eingesprengt.

2. Kein Metallkorn liefernde Mineralien.

Alunit (Alaunstein) $K (AlO)_3 . (SO_4)_2 . 3H_2O$ oder $K_2 SO_4 . Al_2(SO_4)_3 . 2Al_2(HO)_6$; K_2O — 11,33 vH; Al_2O_3 — 37,10 vH; SO_2 — 38,56 vH und H_2O — 13,01 vH. Hexagonal. Kleine Kristalle, oft mit krummen Flächen, zu Drusen verbunden. Die Spaltbarkeit deutlich nach d. Fl. (0001). Bruch muschelig, in dichten Massen splitterig. Mitunter dem Kaolin ähnlich. Härte 3,5—4. Spez. Gew.

2,6 — 2,8. Glasglänzend, die Spaltflächen perlmutterglänzend. Farblos, graulich, gelblich und rötlich. Zerknistert vor dem Lötrohr, aber schmilzt nicht. Gibt mit Soda Schwefelleber und nimmt durch Kobaltlösung blaue Farbe an. Tritt auf an den Wänden der Drusen poröser Gesteinsarten, z. B. verwitterter Trachyten.

Ammoniakalaun $(NH_4)_2SO_4 . Al_2(SO_4)_3 . 24H_2O$. Regulär. Härte 2. Spez. Gew. 1,50. Glasglänzend. Farblos oder weiß. Durchscheinend. Gibt im Kolben ein Sublimat des Ammoniumsulfat. Bläht sich auf Kohle auf und wird zu schwammiger Masse, die durch Kobaltlösung blau gefärbt wird. Findet sich in Form wässeriger Plättchen in Braunkohle.

Aluminit $Al_2SO_6 . 9H_2O$; Al_2O_3 — 29,7 vH; H_2O — 47 vH. Monoklin. Das Mineral erscheint unter dem Mikroskop als Aggregat kleiner, prismatischer, doppelbrechender Kristalle. Bruch erdig. Mattglänzend. Härte 1—2. Spez. Gew. 1,7. Weich, zwischen den Fingern leicht zerreibbar. Blinkend oder matt. Farbe schneeweiß oder gelblichweiß. Undurchsichtig. Fühlt sich hart an. Klebt an der Zunge. Gibt im Kolben viel Wasser, beim Glühen — schwefelige Säure. Der Rest schmilzt nicht und offenbart Eigenschaften der reinen Tonerde. Gibt mit Kobaltlösung blaue Färbung. Liefert mit Soda Aluminiumsulfid. Tritt auf in kleinen, nierenförmigen Gebilden oder in dichten Massen und zeigt feinschuppige oder erdige Struktur.

Keramohalit $Al_2(SO_4) . 18H_2O$; Al_2O_3 — 15,33 vH. Monoklin. Bruch erdig. Härte 1,5 — 2. Spez. Gew. 1,6 — 1,8. Seidenglänzend. Farbe weiß, gelblich oder graulich. Alaungeschmack. Iu Wasser leicht löslich. Bläht sich im Kolben stark auf, gibt viel Wasser aus und verliert die Spaltbarkeit. Liefert mit Kobaltlösung eine blaue Färbung, wenn nicht viel Eisenoxyd enthalten ist. Fügt man der Lösung ein wenig schwefeligsaures Kali bei, so bilden sich Alaunkristalle. Tritt meist in Form von Krusten oder Adern auf, sowie in trauben- und nierenförmigen Aggregaten von faseriger oder schuppiger Struktur.

Zinnober (Cinnabarit) HgS; Hg — 86,2 vH. Hexagonal. Kristalle rhombisch oder tafelförmig. Spaltbarkeit vollkommen nach d. Fl. (1010). Bruch unvollkommen muschelig. Härte 2 — 2,5. Spez. Gew. 8,0 — 8,2. Diamantglänzend. Neigt bei dunkler Färbung zum Metallglanz. Die erdigen Abarten sind matt. Farbe cochenillerot, geht in scharlachrot oder bleigrau, mitunter bräunlichrot, über. Strich scharlachrot. Verflüchtigt sich vor dem Lötrohr und zwar vollkommen, wenn rein. Scheidet bei vorsichtigem Erhitzen in offener Röhre Schwefeldämpfe und metallisches Quecksilber ab, das sich an den kalten Wänden der Röhre in

Form kleiner Kügelchen verdichtet. Gibt im Kolben ein schwarzes Sublimat von Merkurisulfid, mit Soda ein Sublimat von metallischem Quecksilber. Metallisches Quecksilber wird auch ausgeschieden, wenn Zinnober mit gepulvertem Eisen zerrieben und gemengt, in Kupferfolie gewickelt und im Kolben erhitzt wird. Tritt auf am häufigsten in dichten Massen, in körnigen und körnigblättrigen Aggregaten in Form einer kristallischen Kruste, sowie eingesprengt als Beschlag und auch in erdigen Aggregaten.

B. Mineralien, die eine Reaktion auf Kieselsäure geben.

I. Unter Ausscheidung gallertartiger Kieselsäure bei Zersetzung durch Säure ohne vorheriges Glühen und Schmelzen.

1. Mineralien, die eine gefärbte Borax- oder Phosphorsalzperle liefern.

Titanit (Sphen, Greenovit) $CaTiSiO_5$; CaO — 28 vH, TiO_2 — 42 vH, SO_2 — 30 vH. Monoklin. Spaltbarkeit ziemlich deutlich nach d. Fl. (110). Härte 5—5,5. Spez. Gew. 3,4—3,56. Diamant- und pechglänzend. Farbe braun, grau, gelb, grün, rosarot und schwarz. Strich weiß, mitunter rötlich. Durchsichtig und undurchsichtig. Schmilzt vor dem Lötrohr, sich aufblähend, zu gelbem, braunem oder schwarzem Glas. Mit Borax erhält man helles, gelbgraues Glas. In heißer Salzsäure nicht vollkommen löslich. Wird die Lösung mit Zinn konzentriert, so wird sie zartviolett. Liefert mit Phosphorsalz im Reduktionsfeuer eine violette Perle. Wird durch Schwefelsäure vollkommen zersetzt. Einige Varietäten werden durch Salzsäure unter Abscheidung von Kieselsäure zersetzt. Die Lösung wird beim Kochen mit Zinn violett. Tritt auf in Granit- und anderen Eruptivgesteinen, in Kalkstein, in den Zonen der Kontaktmetamorphose in Form charakteristischer, keilartiger oder briefumschlagähnlicher, mitunter sehr großer Kristalle.

Olivin (Peridot) $(Mg, Fe)_2SiO_4$; SiO_2 — 41 vH, Mg — 0,49 vH, FeO — 10 vH. Häufig Mangan als Beimenge. Das Verhältnis Magnesium zu Eisen schwankt zwischen 16:1 und 2:1. Rhombisch. Härte 6,5—7. Spez. Gew. 3,2—3,5. Glasglänzend. Farbe grau, gelblich, bräunlich, rötlich. Ändert sich vor dem Lötrohr wenig. Die eisenhaltigsten Varietäten schmelzen zu einer schwarzen Magnetkugel zusammen. Reagiert mit Borax auf Eisen, mitunter auf Titanium und Magnesium. Wird durch Salz- und Schwefelsäure unter Abscheidung gallertartiger Kieselsäure zersetzt. In vielen Eruptivgesteinen weit verbreitet als wesentlicher

Bestandteil, besonders in Basalten und Duniten. Verwittert zu Serpentin.

Fayalit Fe_2SiO_4; FeO — 71 vH. Rhombisch. Härte 6,5. Spez. Gew. 4,0—4,1. Metall- bis pechglänzend. Farbe grünlich und pechschwarz. Strich dunkelbraun. Mitunter durch den in das Mineral eingewachsenen Magnetit stark magnetisch. Reagiert mit Flüssen hauptsächlich auf Eisen und schwach auf Mangan. Die kleinen, durchsichtigen, gelben Kristalle sind durch Verwitterung schwarz und besitzen metallischen Glanz. Die dichten Massen sind von grünlichschwarzer Farbe. Tritt auf in den Drusen des Obsidian, in Andesiten, in kristallinen Schiefern.

Dioptas H_2CuSiO_3; CuO_2 — 38 vH, H_2O — 12 vH. Hexagonal. Spaltbarkeit vollkommen nach d. Fl. (1011). Bruch muschelig. Härte 5. Spez. Gew. 3,3—3,5. Glasglänzend. Farbe smaragdgrün. Gibt vor dem Lötrohr mit Soda unter Brausen ein Glas, das ein geschmeidiges Kupferkorn enthält. Wird das Pulver mit Kalilauge gekocht, so erhält man eine saphirblaue Flüssigkeit, und das Pulver wird braun. Bei weiterem Kochen verblaßt die Flüssigkeit, während das Pulver braunschwarz wird. In der filtrierten Lösung fällt in genügender Menge zugesetzter Salmiak einen weißen Niederschlag von Kieselsäurehydrat. Es bildet mit Säure eine vollkommene Gallerte. Reagiert mit Borax auf Kupfer. Wasser wird nur bei Rotglut abgeschieden, wobei er sich schwarz brennt.

Gadolinit s. S. 71.

Granate s. S. 69.

2. Mineralien, die einen Beschlag auf Kohle liefern.

Willemit Zn_2SO_4; ZnO — 73 vH. Spuren von Eisenoxyd und Manganoxyd. Hexagonal. Die Kristalle sind prismatisch, mitunter ausgezogen. Bruch muschelig. Härte 5,5. Spez. Gew. 3,9—4,2. Glas-, pech- oder wachsglänzend. Farbe weiß, gelb, braun, rot sowie grün. Enthält er Mangan, so reagiert er mit Soda und Salpeter auf Mangan. Schmilzt vor dem Lötrohr nur schwer zu weißer Emaille. Das Mineralpulver liefert auf Kohle im Reduktionsfeuer einen gelben Beschlag in heißem, einen weißen in kaltem Zustande. Benetzt mit Kobaltlösung, verfärbt er sich im Oxydationsfeuer grellgrün.

Calamin (Kieselzinkerz, Kieselgalmei, kieselsaures Zink, Hemimorphit) $(OH)_2Zn_2SiO_3$; ZnO — 68 vH, SiO — 25 vH, H_2O — 7 vH. Rhombisch. Spaltbarkeit vollkommen nach d. Fl. (110) und weniger vollkommen nach d. Fl. (101). Bruch uneben. Härte 4,5—5. Spez. Gew. 3,4—3,5. Glas-, mitunter diamantglänzend. Farblos sowie von verschiedener Färbung. Durch Erhitzung stark polarelektrisch. Verhält sich wie Willemit, zerknistert jedoch im Kolben und scheidet Wasser ab. Vor dem Lötrohr meist nicht schmelzbar. Wird zersetzt durch Essigsäure unter Abscheidung gallertartiger Kieselsäure. Löst sich in Kalilauge auf. Tritt wie Willemit in dichten Massen in feinkörnigen Aggregaten auf. Durch Absetzen bildet er sich bisweilen in den oberen Bauen in Gruben, vielfach im Gemenge mit Smithsonit.

3. Mineralien, die zu den vorgenannten Gruppen nicht gehören, viele liefern eine alkalische Reaktion.

a) Wasserfrei. Härte nicht über 6.

Wollastonit (Tafelspat) $CaSiO_3$; CaO — 48 vH, SiO_2 — 52 vH. Monoklin. Spaltbarkeit vollkommen nach d. Fl. (100). Bruch uneben. Härte 4,5—5. Spez. Gew. 2,8—2,9. Glasglänzend. Auf den Spaltflächen Perlmutterglanz. Farbe graulichweiß, gelblich, rötlich. Schmilzt vor dem Lötrohr ruhig zu einem farblosen, halbdurchsichtigen Glas, das alkalisch reagiert. Ziegelrote Flammenfärbung bei Benetzung mit Salzsäure. Löst sich in Phosphorsalz auf unter Abscheidung des Kieselsäureskeletts. Tritt auf in tafelförmigen Kristallen, in Ergußgesteinen und Kalkstein.

Lasurstein (Lasurit, Lapis lazuli) $3NaAlSiO_4 . Na_2S_3$; SiO_2 — 32 vH, Al_2O_3 — 27 vH, NaO — 27 vH, S — 17 vH. Regulär. Bruch uneben. Härte 5—5,5. Spez. Gew. 2,4. Glasglanz. Farbe lasurblau, violett-grünlichblau. Schmilzt leicht unter Aufblähung zu einem weißen Glase. In Salzsäure verliert das Pulver rasch die Farbe und zersetzt sich unter Abscheidung von gallertartiger Kieselsäure und Schwefelwasserstoff. Tritt größtenteils in dichten Massen mit unregelmäßig verteilten kleinen Körnern von Schwefelkies und Kalkspat auf.

Hauyn $3NaAlSiO_4 . (N_2C_2)_5 SO_4$; SiO_2 — 32 vH, SO_3 — 14 vH, Al_2O_3 — 27 vH, CaO — 10 vH, Na_2O — 17 vH. Regulär. Spaltbarkeit deutlich nach d. Fl. (110). Bruch muschelig. Härte 5,5—6. Spez. Gew. 2,4—2,5. Glas- bis fettglänzend. Farbe blau, selten weiß oder farblos. (Berzelnin). Schmilzt schwer zu einem farblosen, bläulichen oder gelben Glase. Aus einer Salzsäurelösung scheiden sich beim Verdampfen Gipskriställchen ab. Tritt am häufigsten in blauen, in Eruptivgesteinen eingewachsenen Kristallkörnern auf.

Nosean (Nosin) $3NaAlSiO_4Na_2SO_4$; SiO_2 — 31 vH, SO_2 — 14 vH, Al_2O_3 — 27 vH, NaO_2 — 27 vH. Regulär. Härte 5,5.

Spez. Gew. 2,2—2,4. Farbe graulich, bräunlich, schwarz. Schmilzt unter Schäumen und Sprudeln zu farblosem Glase. Reagiert im übrigen wie Hauyn. Das Pulver gibt eine alkalische Reaktion. Unregelmäßige Kristallkörner und körnige Aggregate in Eruptivgesteinen.

Nephelin (Eläolith, Davyn) $(Na_2K_2Ca)_2Al_8Si_9O_{34}$; $SiO_2 - 44\,vH$, $Al_2O_3 - 33\,vH$, $Na_2O - 15\,vH$, $K_2O - 7\,vH$. Hexagonal. Kleine Kristalle und dichte glasige Massen. Spaltbarkeit deutlich nach d. Fl. (1010). Bruch unvollkommen muschelig. Härte 5,5—6. Spez. Gew. 2,5—2,6. Glas- bis fettglänzend. Farblos, gelblich, in dichten Massen dunkelgrün, grünlich oder blaugrau, braunrot, durchsichtig und undurchsichtig. Schmilzt ruhig vor dem Lötrohr zu blasigem Glase. Gelatiniert stark mit Salzsäure. Die Gallerte färbt sich vorzüglich durch Farbstofflösungen (Fuchsin). Bildet den Bestandteil einiger Eruptivgesteine. Dichte Massen trüber Färbung mit starkem Fettglanz, ohne deutliche Spaltbarkeit werden als Eläolith bezeichnet.

Sodalith $Na_4Al_3Si_3O_{12}Cl$; $SiO_2 - 37\,vH$, $Al_2O_3 - 32\,vH$, $Na_2O - 26\,vH$. Regulär. Mehr oder minder vollkommene Spaltbarkeit nach d. Fl. (110). Härte 5,5—6. Spez. Gew. 2,1—2,3. Glasglanz, der in Fettglanz übergeht. Farblos, grau, gelblich, blau, grün. Schmilzt vor dem Lötrohr unter Aufblähen zu einem durchsichtigen, farblosen Glase. Färbt beim Zusammenschmelzen mit Phosphorsalz und Kupferoxyd die Flamme vorübergehend blau. Silbernitrat gibt in der salpetersauren Lösung einen Niederschlag von Chlorsilber. Aus der Salzsäurelösung scheiden sich bei seiner Verdunstung Kochsalzwürfelchen ab. Die Kristalle sind selten. Treten gewöhnlich zusammen mit Eläolith auf.

Orthit (Allanit) $H.\overset{II\,III}{R}\overset{}{R}_3Si_3O_{12}$; $\overset{II}{R} = Ca$, Fe; $\overset{III}{R} = Al$, Fe. Eine kleine Menge Ce, Di, La; $SiO_2 - 33—36\,vH$, $Al_2O_2 - 8—18\,vH$ und $FeO - 15—20\,vH$, Ce_2O_3, La_2O_3 und $Di_2O_3 - 15—23\,vH$, $CaO - 5—20\,vH$ mit einer unbedeutenden Beimengung von MgO, Y_2O_3, K_2O und Na_2O. Monoklin. Bruch uneben, schwach muschelig. Härte 5,5—6. Spez. Gew. 3,4. Glanz an der Oberfläche vielfach metallartig, fett. Farbe grünlich bis pechschwarz. Strich grünlichschwarz. Bläht sich vor dem Lötrohr stark auf und schmilzt zu einem voluminösen bräunlichen bzw. schwärzlichen Glase, Salzsäurelösung gibt nach Abscheiden von Kieselsäure mit Ammoniak einen Niederschlag, der nach Zusatz einer genügenden Menge Oxalsäure sich auflöst unter Hinterlassung eines weißen Rückstandes. Gelatiniert mit Salzsäure. Einige Varietäten sind nicht löslich.

Melilith (Humboldtilith) $(CaMg)_7(AlFe)_3Si_5O_{20}$, als isomorphes Gemenge von Gehlenit (s. unten) und Ackermanith $(Ca_4Si_3O_{10})$. Tetragonal. Spaltbarkeit deutlich nach d. Fl. (001). Kleine tafelförmige Kristalle in den Blasenräumen von Eruptivgesteinen. Bruch muschelig. Härte 5. Spez. Gew. 2,9. Glasglanz, in Pechglanz übergehend. Farbe gelblich, grau. Durchscheinend. Schmilzt schwer zu gelblichem oder grünem Glase. Reagiert mit Zuschlägen auf Eisen.

Gehlenit $Ca_3Al_2Si_2O_{10}$ (sehr oft mit einer Beimengung von Eisen und Mangan). Tetragonal. Kristalle ähnlich den Würfeln einer Kombination von tetragonalem Prisma und Pinakord (001). Bruch uneben bis splitterig. Härte 5,5—6. Spez. Gew. 2,9—3. Pechglänzend und Farbe graugrün verschiedener Schattierungen; auch nierenbraun. Schmilzt vor dem Lötrohr in Splittern nur schwer zu grauem Glase. Reagiert mit Borax auf Eisen.

Cancrinit $H_6Na_6Ca(Na_2CO_3)_2Al_8(SiO_4)_9$; SiO_2 — 39 vH, Al_2O_2 — 29 vH, CaO — 4 vH, Na_2O — 18 vH, CO_2 — 6 vH, H_2O — 4 vH. Hexagonal. Tafelförmige Kristalle, mitunter von ansehnlicher Größe. Spaltbarkeit vollkommen nach d. Fl. (1010). Härte 5—6. Spez. Gew. 2,4—2,5. Glasglänzend oder schwachperlmutterglänzend; auf den Spaltflächen fettigglänzend. Farbe weiß, rosa, sowie gelb und grün. Gibt im Kolben Wasser. Wird vor dem Lötrohr sofort weiß und trübe; schmilzt, sich stark aufblähend und schäumend, zu weißem, blasigem Glase, das, mit Wasser benetzt, auf Kurkumapapier nach einigem Liegen eine alkalische Reaktion gibt. Löst sich zischend in Salzsäure und gelatiniert bei Erwärmung. Tritt auf in Syeniten mit Sodalith, Eläolith, Zirkon und Magnetit sowie in Granit.

b) Wasserfrei. Härte über 6.

Braunit $3Mn_2O_3 . MnSiO_2$. Tetragonal. Die Kristalle sind klein und zu Drusen verbunden. Spaltbarkeit vollkommen nach d. Fl. (111). Bruch uneben bis flach-muschelig. Härte 6—6,5. Spez. Gew. 4,75—4,82. Glanz metallartig. Farbe bräunlichschwarz und stahlgrau. Strich ebenso. Undurchsichtig. Schmilzt nicht vor dem Lötrohr. Gibt mit Borax und Phosphorsalz im Oxydationsfeuer eine Amethystperle, die im Reduktionsfeuer farblos wird. Liefert mit Soda eine blaugrüne Perle. Löst sich auf in Salzsäure unter Abscheiden von Chlor und Gallerte oder von Kieselsäureflocken. Tritt am häufigsten in körnigen Aggregaten auf.

Mineralien der Granatgruppe. Die Granaten bilden eine Gruppe von Silikaten der allgemeinen Form $\overset{II}{R}_3\overset{III}{R}_2(SiO_4)_3$, deren

Eigenschaften und die sie kennzeichnenden Reaktionen verschieden sind, in Abhängigkeit von den zu ihren Bestandteilen gehörigen, isomorph einander ersetzenden zwei- bzw. dreiatomigen Elementen;

$\overset{II}{R} = Ca, Mg, \overset{II}{Fe}, \overset{II}{Mn}; \overset{III}{R} = Al, \overset{III}{Fe}, \overset{III}{Mn}, \overset{III}{Cr}, F.$ Ihre allgemeinen Kennzeichen sind: Sie kristallisieren nach dem regulären System. Die kristallinen Formen (110) — Dodekaeder und (211) — Ikositetraeder. Spaltbarkeit unvollkommen nach d. Fl. (110). Härte 6,5—7,5. Bruch uneben bis muschelig. Glas- bis pechglänzend. Die Granaten sind Mineralien der Eruptivgesteine, metamorphosischer Gesteine und kristalliner Schiefer. Bilden mitunter, ähnlich dem Nephrit, kompakte, kryptokristalline Massen. Die meisten Varietäten des Granaten schmelzen leicht zu lichtbraunem und schwarzem Glase. Der Chromgranat (Uwarowit) dagegen ist in den meisten Fällen nicht schmelzbar. Die Reaktionen mit Flüssen wechseln. Die meisten Granaten reagieren auf Eisen; Spessartin auf Mangan; Uwarowit und viele Pyropen auf Chrom. Manche Varietäten werden teilweise durch Säuren zerlegt. Uwarowit nur nach vorangegangenem Glühen.

Kalktongranat $Ca_3Al_2Si_3O_{12}$; SiO_2 — 40 vH, Al_2O_3 — 23 vH, CaO — 37 vH. und einer unbedeutenden Menge FeO. Härte 6,5—7. Spez. Gew. 3,55—3,66. Farblos, weißgrünlich (**Grossular**). Schmilzt ruhig. Ähnlich reagiert der eisenhaltigere Kalktoneisengranat (**Hessonit, Kanelstein**). Honiggelb; hyazinthrot. Enthält keine oder nur wenig Tonerde.

Kalkeisengranat (Andradit) $Ca_3Fe_2Si_3O_{12}$; SiO_2 — 35 vH, Fe_2O_3 — 32 vH., CaO — 33 vH. Spez. Gew. 3,8—3,9. Farbe hellgrün bis gelb. Wenn topasfarben und durchsichtig, **Topazolith** genannt. Wie alle eisenreichen Granaten schmilzt er vor dem Lötrohr zu schwarzem, stark magnetischem Glase. Hierher gehört auch der **braune gemeine Granat** und der grünliche **Allochroit**.

Kalktitangranat (Melanit). Enthält Eisen und Titan. Schwarz.

Schorlomit $Ca_3(Fe, Ti)_2(Si, Ti)_3O_{12}$; SiO_2 — 26 vH, TiO_2 — 21 vH, Fe_2O_3 — 20 vH, FeO — 2 vH, CuO — 29 vH; MgO — 1 vH. Regulär. Bruch muschelig. Härte 7—7,5. Spez. Gew. 3,8—3,9. Glasglänzend. Farbe pechschwarz, mitunter mattblau. Strich schwarzgrau. Schmilzt ruhig zu schwarzem Glas. Wird durch Salzsäure ziemlich schwer zersetzt unter Abscheidung schleimiger oder gallertartiger Kieselsäure. Wird die Lösung mit Zinn eingekocht, so wird sie violett, durch Verdünnen rosa gefärbt.

Kalkchromgranat (Uwarowit) $Ca_3Cr_2Si_3O_{12}$. Spez. Gew. 3,4. Farbe smaragdgrün. Schmilzt vor dem Lötrohr. Gibt mit Phosphorsalz ein smaragdgrünes Glas.

Magnesiagranat (Pyrop) $Mg_3Al_2Si_3O_{12}$; SiO_2 — 45 vH, Al_2O_3 — 25 vH, MgO — 30 vH. In Form einzelner Körner. Spez. Gew. 3,7—3,75. Farbe dunkelhyazinth- bis blutrot. Schmilzt ein wenig schwierig zu schwarzem, nicht magnetischem Glase.

Eisentongranat (Almandin) $Fe_3Al_2Si_3O_{12}$; SiO_2 — 36 vH, Al_2O_3 — 21 vH, FeO — 43 vH. Spez. Gew. 3,9—4,2. Farbe rot, violettrot, bräunlichrot. Schmilzt zu einem schwarzen, meist magnetischen Glase.

Mangangranat (Spessartin). Dem vorgenannten ähnlich, enthält jedoch Mangan und Kadmium. Spez. Gew. 4—4,3. Farbe gelb, braun. Schmilzt auf Kohle zu schwarzem, meist magnetischem Glase. Reagiert auf Mangan.

Helvin $(Mn,Be,Fe)_7Si_3O_{12}S$ s. S. 51.

Gadolinit $FeBe_2Y_2Si_2O_{10}$; SiO_2 — 24 vH, Y_2O_3 — 52 vH, FeO — 14 vH, BeO — 10 vH. Monoklin. Bruch muschelig. Härte 6,5—7. Spez. Gew. 4,2—4,3. Glasglänzend. Farbe pechschwarz. Glüht rasch vor dem Lötrohr, bläht sich auf, aber schmilzt nicht. Verfärbt sich graugrün und verleiht der Masse das Aussehen von Blumenkohl. Tritt auf in Granit in Form grober Körner und nestartiger Massen.

Vesuvian s. S. 73.

c) Wasserhaltige Mineralien.
(Hierzu gehört die Gruppe der Zeolithe.)

Datolith $HCaBSiO_3$; SiO_2 — 38 vH, B_2O_3 — 22 vH, CaO — 35 vH, H_2O — 6 vH. Monoklin. Bruch muschelig. Härte 5—5,5. Spez. Gew. 2,9—3. Glasglänzend. Farblos, grünlichgelblich-rötlich-weiß. Schmilzt leicht, sich aufblähend, in der Pinzette zu einer durchsichtigen, hellen Kugel, die Flamme grün färbend. Gießt man Alkohol auf die Gallerte und zündet diese an, so brennt sie mit grüner Flamme.

Phillipsit $(K_2,Ca)Al_2Si_4O_{12}.4,5H_2O$; SiO_2 — 49 vH, Al_2O_3 — 21 vH, CaO — 8 vH, K_2O — 6 vH, H_2O — 16 vH. Monoklin. Kleine Kristalle, Zwillingsbildungen wie beim Harmotom. Spaltbarkeit deutlich nach d. Fl. (001) und (010). Bruch uneben. Härte 4—4,5. Spez. Gew. 2,1—2,2. Reagiert vor dem Lötrohr wie Harmotom. Verdünnte Schwefelsäure gibt keinen Niederschlag.

Harmotom (Kreuzstein) $H_2(K_2,Ba)Al_2Si_3O_{15}.4H_2O$; SiO_2 — 47 vH, Al_2O_3 — 16 vH, BaO — 21 vH, K_2O — 6 vH; H_2O — 14 vH. Monoklin. Die Kristalle bilden häufig kreuzförmige Zwillingsverwachsungen (Vierlinge). Bruch uneben bis flach-muschelig. Härte 4—5. Spez. Gew. 2,4—2,5. Glasglänzend. Farbe weiß, gelblich, rötlichbraun. Halbdurchsichtig. Einige Varietäten phosphoreszieren beim Erwärmen. Wird in der Pinzette vor dem Lötrohr matt, gewinnt das Aussehen von Milchglas und schmilzt ruhig, aber schwer, zu blasenfreiem Glase. Gibt gepulvert eine schwache alkalische Reaktion. Kleine Kristalle in Erzgängen.

Natrolith $Na_2Al_2Si_3O_{16} . 2H_2O$; SiO_2 — 47 vH, Na_2O — 16 vH, H_2O — 10 vH. Rhombisch. Dicke prismatische Kristalle oder Büschel dünner nadelförmiger Kristalle. Spaltbarkeit vollkommen nach d. Fl. (110). Bruch uneben. Spröde. Härte 5—5,5. Spez. Gew. 2,2. Glasglänzend, in Perlmutterglanz übergehend. Farbe graulich, gelblichweiß, rötlich und rot. Schmilzt in der Flamme einer Stearin- oder Wachskerze. Schmilzt vor dem Lötrohr ruhig ohne merkliches Aufblähen oder Anschwellen zu wasserhellem Glas. Tritt auf in Blasenräumen von Eruptivgesteinen, Basalten u. a. m.

Thomsonit (Comptonit) $(Na_2Ca)Al_2(SiO_4)_2 . 4,5H_2O$; SiO_2 — 37 vH, Al_2O_3 — 31 vH, CaO — 13 vH, Na_2O — 5—10 vH, H_2O — 14 vH. Rhombisch. Spaltbarkeit vollkommen nach d. Fl. (010) und weniger vollkommen nach d. Fl. (100). Bruch muschelig. Härte 5—5,5. Spez. Gew. 2,3—2,4. Glas- und perlmutterglänzend. Farbe schneeweiß, grünlich, rötlich. Wird bei Erhitzung elektrisch. Schmilzt in der Pinzette zu blasiger, milchglasähnlicher Schlacke. Bläht sich auf Kohle auf, zerteilt sich ein wenig und kann zu kleinblasigem, opalähnlichem Glase geschmolzen werden. Tritt auf in Eruptivgesteinen, in Blasenräumen und Spalten, in Form büschel- und schalenförmiger Einschlüsse.

Laumontit $H_4CaAl_2SiO_{14} . 2H_2O$; SiO_2 — 51 vH, Al_2O_3 — 22 vH; CaO — 12 vH; H_2O — 15 vH. Monoklin. Die Kristalle sind prismatisch, in Drusen. Spaltbarkeit sehr vollkommen nach d. Fl. (010) und (110). Bruch uneben; leicht brüchig. Härte 3—3,5. Spez. Gew. 2,2—2,3. Glasglänzend, in Perlmutterglanz übergehend. Farbe weiß, gelblich oder graulich, mitunter rot. Gelblichgraue Massen. Schmilzt ruhig oder schwach Blasen schlagend in der Pinzette zu porzellanartigem Glase (trübe, in Wasser getauchte Splitter werden durchscheinend). Dichte, körnige Massen in Mandelsteinen der Eruptivgesteine.

Skolezit $CaAl_2Si_3O_{10} . 3H_2O$; SiO_2 — 46 vH, Al_2O_3 — 26 vH, CaO — 14 vH, H_2O — 14 vH. Monoklin. Die Kristalle sind kurzsäulig oder nadelförmig. Strahladrige Verwachsungen. Spaltbarkeit ziemlich vollkommen nach d. Fl. (110). Härte 5—5,5. Spez. Gew. 2,2—2,4. Glas- und seideglänzend. Farblos, schneeweiß, graulichweiß. Wird durch Erhitzung elektrisch. Schmilzt, sich krümmend und windend, in der Pinzette zu blasigem Glase. Backt auf Kohle schwer zu blasiger, undurchsichtiger Schlacke.

Sepiolith (Meerschaum) $H_4Mg_2Si_3O_{10}$; $SiO_2 - 61vH.$, $MgO -$
27 vH, $H_2O - 12$ vH.   Härte 2—2,5.   Spez. Gew. 2.   Glanzlos.
Farbe weiß, gelblich, graulichweiß.   Schmilzt nur an den Kanten
zu weißer Emaille und wird, mit Kobaltlösung befeuchtet und
geglüht, blaßrot.   Saugt gierig Wasser ein.   Wird durch Salzsäure zerlegt unter Abscheidung gallertartiger Kieselsäure.   Klebt
stark an der Zunge.   Dichte Massen, mitunter nierenförmig.   Tritt
auf eingesprengt und eingelagert in Serpentin.   Kommt häufiger
in einzelnen Knollen in Sedimentgesteinen der jüngsten Periode vor.

Brewsterit $H_4(Sr, Ba, Ca)Al_2Si_6O_{18} . 3 H_2O$; $SiO_2 - 54$ vH,
$Al_2O_3 - 15$ vH, $SrO - 9$ vH, $BaO - 7$ vH, $CaO - 1$ vH, H_2O
$- 14$ vH.   Monoklin.   Spaltung vollkommen nach d. Fl. (010).
Bruch uneben.   Härte 5.   Spez. Gew. 2,1—2,5.   Glasglänzend.
Farbe weiß, gelblich.   Wird in der Pinzette vor dem Lötrohr
matt.   Zerfällt leicht und schmilzt schwer (unter Schäumen und
Blähen) zu grobblasigem Glase.   Löst sich in Salzsäure unter Abscheidung von pulveriger Kieselsäure und gibt in verdünnter
Schwefelsäurelösung einen Niederschlag von Baryum- und Stron-
tiumsulfat.   Wird dieser Niederschlag zusammen mit Graphit in
einem Porzellanmörser zerrieben, auf Kohle im Reduktionsfeuer
getrocknet und mit ein wenig Salzsäure in einer Porzellanschale
zur Trockne verdampft, so brennt der in die Schale gegossene
Alkohol nach Entzünden mit einer für Strontium charakteristischen Flamme.

II. Unter Abscheidung nicht gallertartiger Kieselsäure nach Schmelzen mit Soda.

1. Mineralien, die im Kolben kein Wasser geben.

a) Mineralien, die eine gefärbte Borax- oder Phosphorsalzperle
liefern.

Vesuvian (Idokras, Wiluit).   Der chemische Bestand ist verschieden.   Die annähernde Formel lautet: $Al_2(SiO_4)_5Ca_6(AlOH)$,
bei isomorpher Substitution $Al - \overset{III}{Fe}$; $Ca - Mg, Mn, Fe$; $OH - F.$
Beobachtet werden unbedeutende Mengen Alkali B, Cr; $SiO_2 -$
$36 - 41$ vH, $Al_2O_3 - 9—21$ vH, $Fe_2O_3 - 0—8$ vH, $FeO -$
$0—3$ vH, $MnO - 0—12$ vH, $MgO - 1—6$ vH, $CaO - 26—37$ vH,
$H_2O - 1—3$ vH.   Tetraedrisch.   Bruch uneben bis muschelig.
Härte 6,5.   Spez. Gew. 3,35—3,45.   Glas- bzw. pechglänzend.   Farbe
grün, gelb.   In Form brauner, kurzstengeliger Massen Egeran,
himmelblau — Cyprin genannt.   Schmilzt schäumend und gelatiniert nach dem Schmelzen mit Salzsäure.   Reagiert auf Eisen

mit Borax und Phosphorsalz unter Abscheidung eines Kieselskeletts. Tritt auf in der Form prismatischer, gut ausgebildeter Kristalle in körnigen Massen mit Calcit und Chlorit zusammen.

Rhodonit $MnSiO_4$; MnO — 54 vH, SiO_2 — 46 vH. (Mangankiesel, Pajesbergit). Triklin. Spaltbarkeit vollkommen nach d. Fl. (110) unter dem $\sphericalangle$ 92° 50′ und weniger vollkommen nach d. Fl. (001). Bruch muschelig. Härte 5,5—6,5. Spez. Gew. 3,4—3,7. Glasglänzend. Farbe rosa bis rötlichbraun mit schwarzen Adern und Flecken. Einige Varietäten werden nach dem Schmelzen magnetisch. Gibt mit Borax Amethystglas. Mit Phosphorsalz erhält man im Oxydationsfeuer ein Kieselskelett. Schmilzt vor dem Lötrohr im Reduktionsfeuer zu rotem Glas; liefert im Oxydationsfeuer ein schwarzes Korn mit Metallglanz. Widersteht in hohem Maße der Einwirkung von Säuren. Tritt auf in derben, feinkörnigen Massen.

Akmit (Ägirin) $NaFeSi_2O_6$; SiO_2 — 52 vH, Fe_2O_3 — 35 vH, Na_2O — 13 vH. und eine unbedeutende Menge Mn_2O_3. Monoklin. Spaltbarkeit deutlich nach d. Fl. (110). Bruch uneben. Härte 6—6,5. Spez. Gew. 3,5. Glasglänzend, in Pechglanz übergehend. Farbe bräunlich und grünlichschwarz. Schmilzt leicht zu einer schwarzen Magnetkugel und färbt die Lötrohrflamme gelb. Gibt mit Soda und Salpeter eine grüne Schmelze (Reaktion auf Mangan). Tritt auf in Quarz, in Eläolithsyenit und Pegmatitadern.

Manganophyll. Bronze- und kupferrot, manganreich. Wird schwarz nach dem Glühen und liefert mit Glasflüssen eine deutliche Manganreaktion. Tritt auf in Blasenräumen von Gesteinen, die mit Calcit, Rhodonit, Magnetit, Granat u. a. m. angefüllt sind.

Barytglimmer. Als solchen bezeichnet man ein bis zu 7 vH. barythaltiges, rotbraunes Meroxen.

Astrophyllit. Ein nach seiner Zusammensetzung kompliziertes Silikat mit wechselndem Gehalt isomorpher Mischungen ein-, zwei-, drei- und vieratomiger Elemente. $K—Na, \overset{II}{Fe}—Mg,$ $Ca; \overset{III}{Fe}—Al, Ti—Zr.$ Rhombisch. Spaltbarkeit vollkommen nach d. Fl. (100). Spröde. Härte 3. Spez. Gew. 3,3—3,4. Perlmutterglänzend. Farbe bronze- bis grüngelb. Bläht sich auf und schmilzt leicht vor dem Lötrohr zu schwarzer, magnetischer Emaille. Reagiert mit Glasflüssen auf Eisen, mit Soda oder Borax auf Mangan. Die Lösung in Salzsäure färbt sich, mit Zinn eingekocht, violett, bei Verdünnung mit Wasser rosa (von der Titansäure). Der norwegische Astrophyllit zersetzt sich nur durch Flußsäure.

Mineralien, die eine eisengefärbte Perle liefern.

Epidot. Eisenreiche Varietäten s. S. 77.

Lepidomelan. Eisenreicher Biotit s. S. 80.

Hornblende. Eisenreiche dunkle Varietäten s. S. 85.

Aktinolith s. S. 84.

Augit s. S. 85.

Hedenbergit s. S. 85.

Schorlomit s. S. 70.

b) Mineralien, die die Lötrohrflamme färben.

Lepidolith (Lithionglimmer, Lithionit). Die chemische Formel ist nicht genau festgestellt. Dehn setzt die Formel $R_3Al(SiO_3)_3$, wo $R = K, Li, (AlF_2)$, sowie Rb, Cs. Kristalle unbekannt. Gewöhnlich sechskantige Schüppchen nach d. Fl. vorzüglicher Spaltbarkeit. Härte 2,5. Spez. Gew. 2,8—2,9. Perlmutterglänzend. Farbe rosarot, lila, pfirsichfarben, gelblich und — selten — grünlich. Gibt im Kolben Wasser. Reagiert mit Glasflüssen auf Eisen und Mangan. Schmilzt leicht vor dem Lötrohr unter Aufwallen zu einem weißen Glase, die Flamme rot färbend. Tritt auf in Graniten, Pegmatitadern, gewöhnlich vergesellschaftet mit fluorhaltigen Mineralien.

Zinnwaldit. Der Zusammensetzung nach dem Lepidolith nahe verwandt, nur ist der Gehalt an Kieselsäure und Tonerde geringer. Monoklin. Spaltbarkeit vorzüglich nach d. Fl. (0001). Härte 2,5—3. Spez. Gew. 2,8—3,2. Perlmutterglänzend. Farbe grau, gelblich, violett, dunkel (Rubinglimmer). Schmilzt leicht, leichter als Lepidolith, zu schwärzlichem Glas unter Rotfärbung der Flamme. Tritt auf in Erzgängen, vergesellschaftet mit Wolframit und Zinnstein.

Spodumen $LiAlSi_2O_6$; SiO_2 — 65 vH, Al_2O_3 — 27 vH, $Li_2O(Na_2O)$ — 8 vH. Monoklin. Spaltbarkeit vollkommen nach d. Fl. (110). Bruch uneben. Härte 6,5—7. Spez. Gew. 3,1—3,2. Glasglänzend. Farbe weiß, grünlich, smaragdgrün (Hiddenit), amethystfarben. Bläht sich vor dem Lötrohr ein wenig auf und sondert dünne Zweige ab, die rasch zu durchsichtigem, weißem Glase schmelzen. Färbt die Flamme rot (Li), namentlich wenn man dem Mineralsplitter ein wenig Kaliumbisulfat mit gepulvertem Flußspat anschmilzt und die Probe in der Flamme hin und her bewegt. Wird durch Säuren nicht zersetzt. Tritt meist in dichten Massen von tafel- bzw. stengeliger Struktur auf.

Petalit (Castor) $LiAlSi_4O_{10}$; SiO_2 — 78 vH, Al_2O_3 — 17 vH, LiO — 5 vH. Monoklin. Spaltbar nach zwei Richtungen: vollkommen nach d. Fl. (001) und deutlich nach d. Fl. (201). Bruch unvollkommen muschelig. Perlmutterglanz auf den Spaltflächen, unter einem Winkel von etwa 38°. Härte 6—6,5. Spez. Gew. 2,4—2,5. Glasglänzend. Farblos, weiß, grau, mitunter grünlich oder rötlich. Schmilzt ruhig aber schwer, mit Borax leichter, zu weißer Emaille und färbt die Flamme rot, besonders deutlich, wenn man dem Splitter, wie bei Spodumen, ein wenig Kaliumbisulfat mit gepulvertem Flußspat anschmilzt. Leuchtet blau phosphoreszierend bei vorsichtiger Erwärmung. Tritt vergesellschaftet mit Lepidolith, Spodumen und Turmalin auf.

c) Mineralien, die in den vorgenannten Gruppen nicht enthalten sind.

α. Härte über 6.

Quarz SiO_2; Si — 47 vH, O — 53 vH. Hexagonal. Bruch muschelig. Härte 7. Spez. Gew. 2,6. Varietäten: **Bergkristall** — wasserhell; **Amethyst** — violett; **Rauchquarz** (Morion) — bräunlich; **Citrin** — gelb; **Rosenquarz** — rosa; **Eisenkiesel** — rot und gelb; **Milchquarz** — weiß; **Saphirquarz** — blau. Dichte Varietäten: **Chalzedon**, **Achat** — gestreift; **Sarder** — fleischrot; **Chrysopras** — apfelgrün; **Prasem** — grün; **Plasma** — dunkelgrün; **Heliotrop** — dunkelgrün mit roten Flecken; **Jaspis**, **Bandjaspis**, **Onyx**, **Hornstein**, **Lydit** (Lydischer Stein- und Kieselschiefer) und **Feuerstein** (Flint).

Funken am Stahl. Schmelzen auf Kohle mit Soda (nicht zu viel beimengen!) vor dem Lötrohr leicht unter Zischen zu einem Glase, das bei reinen Varietäten farblos, bei eisenhaltigen grau gefärbt ist. Sind an sich auch im stärksten Feuer nicht schmelzbar und unveränderlich. Eine Schmelze von feinem Pulver und Ätzkali mehr oder minder leicht löslich. Fügt man der Lösung Salmiak in genügender Menge bei, so erhält man einen starken Niederschlag von Kieselsäurehydrat. Polarelektrisch auch bei Erhitzung.

Avanturin. Roter Quarz mit eingewachsenen Glimmerblättchen.

Tigerauge. Mit Brauneisenerz vergesellschafteter Quarz; pseudomorph nach faserigem Krokydolith.

Katzenauge. Kristalliner Quarz mit eingewachsenen Asbestfasern.

Tridymit SiO_2. Meist kleine, sechseckige, tafelförmige Kristalle. Härte 7. Spez. Gew. 2,2—2,3. Verhält sich wie Quarz, ist jedoch in kochender, gesättigter Lösung von Natriumkarbonat vollkommen löslich. Tritt auf in kleinen Drusen und Kristallen in Trachyten.

Turmalin (Rubellit [rot], Schörl [schwarz]). Ein nach seiner chemischen Zusammensetzung überaus kompliziertes Boraluminiumsilikat. Die isomorph einander auswechselnden Elemente sind: einatomige $\overset{\text{I}}{\text{R}}$ = Na, K, Li; zweiatomige $\overset{\text{II}}{\text{R}}$ = Mg, Fe, Ca, dreiatomige $\overset{\text{III}}{\text{R}}$ = Al, B, Cr, Fe; mitunter in unbedeutenden Mengen Mn und F; SiO_2 bis zu 40 vH, B_2O_3 bis zu 11 vH, Al_2O_3 bis zu 40 vH. Hexagonal. Bruch unvollkommen muschelig. Härte 7—7,5. Spez. Gew. 2,98—3,2. Glas- oder pechglänzend. Färbung sehr verschieden. An den gefärbten Varietäten ist deutlich die Erscheinung des Dichroismus wahrzunehmen. Wird meist bei Erhitzung elektrisch, wovon man sich mit Hilfe des Gemsbartelektroskopes überzeugen kann. Bei Verschmelzung des Turmalins mit einem Gemenge von Flußspat und Kaliumbisulfat vor dem Lötrohr wird die Flamme vorübergehend grün gefärbt (Reaktion auf Borsäure). Dunkle Turmaline schmelzen leicht, sich aufblähend, mitunter krümmend, zu weißem, auch grünlichgrauem, seltener schwarzem Glase. Hell gefärbte und farblose Turmaline sind sehr schwer schmelzbar, während der rote Rubellit nicht schmelzbar ist.

Tritt auf in metamorphosierten Gesteinen, Graniten, Gneisen, Glimmerschiefern, in Pegmatiten mit Quarz, Flußspat und Glimmer.

Axinit $H_2(Ca,Fe,Mn)_4\,(AlFe)_3 . BSi_5O_{20}$; SiO_2 — 41 vH, B_2O_3 — 5 vH, Al_2O_3 — 21 vH, CaO — 31 vH, H_2O — 2 vH. Triklin. Bruch uneben. Härte 6,5—7. Spez. Gew. 3,27—3,3. Stark glasglänzend. Farbe violett, bräunlich, gelblich, grau, grünlich. Reagiert mit Flußspat vor dem Lötrohr wie Turmalin. Schmilzt leicht unter starkem Aufwallen zu glänzendem, dunkelgrünem Glase, das, gepulvert, mit Salzsäure gelatiniert.

Epidot (Pistazit) $HCa_2(Al,Fe)_3Si_3O_{13}$; SiO_2 — 40 vH, $(Al,Fe)_2O_3$ — 34 vH, CaO — 24 vH, H_2O — 2 vH. Eisenarmer Epidot wird als **Klinozoïsit** bezeichnet. Monoklin. Spaltbarkeit vollkommen nach d. Fl. (001). Bruch uneben. Härte 6—7. Spez. Gew. 3,2—3,5. Glasglänzend, in Pech- und Perlmutterglanz übergehend. Farbe grünlich, gelblich, braun, rot. Schmilzt, sich blähend und schäumend, zu einer blasigen, blumenkohlförmigen oder schlackeartigen schwarzen oder dunkelbraunen Masse. Besitzt gewöhnlich magnetische Eigenschaften. Tritt auf in gut gebildeten Kristallen, vielfach zu Drusen mit Quarz, Granaten und Magnetit vereinigt. Dichte, säulige Massen.

Staurolith $HFeAl_5Si_2O_{13}$; SiO_2 — 26 vH, Al_2O_3 — 56 vH, Fe(Mn)O — 16 vH, MgO — 2 vH, H_2O — 2 vH. Rhombisch. Bruch unvollkommen muschelig. Härte 7—7,5. Spez. Gew. 3,65—3,75. Glas- bis pechglänzend. Farbe rötlich bis schwärzlichbraun. Vor dem Lötrohr nicht schmelzbar, bis auf die manganhaltige Varietät, die leicht zu einem Glase schmilzt. Wird durch Schwefelsäure unvollkommen zersetzt. Tritt hauptsächlich in kristallinem Schiefer auf.

Cordierit (Dichroit, Jollyth) $H_2(MgFe)_4Al_8Si_{10}O_{37}$; SiO_2 — 50 vH, Al_2O_3 — 34 vH, FeO — 49 vH, MgO — 10 vH, Spuren von MnO, CaO und H_2O. Rhombisch. Bruch muschelig. Härte 7—7,5. Spez. Gew. 2,16—2,66. Glasglänzend. Farbe bläulichgrau, gelblichgrau. In hohem Maße pleochroïtisch. Schmilzt schwer vor dem Lötrohr und nur an den Kanten, die nach Befeuchtung mit Kobaltlösung beim Glühen eine blaue oder bläulichgraue Farbe annehmen. Wird zersetzt beim Zusammenschmelzen mit Kaliumnatriumkarbonat. Kommt hauptsächlich in Gneisen, Graniten, kristallinen Schiefern, wie überhaupt in metamorphosierten Gesteinen vor.

Phenakit Be_2SiO_4; BeO — 46 vH, SiO_2 — 54 vH. Hexagonal. Bruch muschelig. Härte 7,5—8. Spez. Gew. 2,97—3. Glasglänzend. Farblos, gelblich, rötlich. Schmilzt nicht vor dem Lötrohr. Nimmt, mit Kobaltlösung benetzt und geglüht, eine bläulichgraue Farbe an. Mit Borax erhält man ein klares Glas, das bei Einwirkung einer flatternden Flamme weiße Flocken abscheidet. In der Phosphorsalzperle ist das Kieselskelett sichtbar. Tritt auf in Glimmerschiefer; vergesellschaftet mit Amazonenstein und Topas im Miascit.

Beryll $Be_3AlSi_6O_{18}$; SiO_2 — 67 vH, Al_2O_3 — 19 vH, BeO — 14 vH. und Spuren von FeO, CaO, Na_2O, Li_2O und Cs_2O. Hexagonal. Bruch muschelig. Härte 7,5—8. Spez. Gew. 2,6—2,8. Glasglanz, in Pechglanz übergehend. Farbe gelblich. Als **Beryll** wird der weiße, undurchsichtige, als **Smaragd** der grüne, durchsichtige, als **Aquamarin** der bläulichgrüne bezeichnet. Nicht schmelzbar. Wird in starker Hitze milchweiß. Gibt mit Glasflüssen klares Glas und reagiert, wenn chromhaltig, auf Chrom. Kommt gewöhnlich im Granit, Gneis und Glimmerschiefer vor.

Euklas $HBeAlSiO_5$; SiO_2 — 41,3 vH, Al_2O_3 — 35,2 vH, BeO — 17,3 vH, H_2O — 6,2 vH. Monoklin. Nur in prismatischen Kristallen mit vertikaler Streifung. Spaltbarkeit sehr vollkommen nach d. Fl. (010). Bruch muschelig. Härte 7,5. Spez. Gew. 3,1. Glasglänzend, Spaltfläche perlmutterglänzend. Farblos. Durchsichtig. Gibt im Kolben nur bei starkem Glühen Wasser. Zerknistert vor dem Lötrohr, entfärbt sich und schmilzt zu weißer Emaille. Wird von Säuren nicht angegriffen.

Topas $Al_2(F,OH)_2SiO_4$; SiO_2 — 33 vH, Al_2O_3 — 56 vH, F — 21 vH (statt F zuweilen 3 vH OH). Rhombisch. Spaltbarkeit sehr vollkommen nach d. Fl. (001). Bruch muschelig. Härte 8. Spez. Gew. 2,6 — 3,4. Glasglänzend. Farblos und hell, rötlich, bläulich, grünlich. In großen Stücken geglüht, wird er nach Erkalten gelb und blaßrosa. Nicht schmelzbar. Gibt mit Phosphorsalz ein Glas, das beim Erkalten opalisiert und Kieselskelett zeigt. Beim Glühen mit geschmolzenem Phosphorsalz entwickelt er in der offenen Glasröhre Fluorwasserstoffsäure, auch bei längerer Erwärmung mit Schwefelsäure. Findet sich in Granit, häufiger in Gneisen, vergesellschaftet mit Quarz, Flußspat, Apatit und Turmalin.

Zirkon $ZrSiO_4$; ZrO_2 — 67 vH, SiO_2 — 33 vH. Tetragonal. Bruch muschelig. Härte 7,5. Spez. Gew. 4,68—4,7. Diamantglänzend. Farblos, am häufigsten rot, bräunlich und gelblich. Schmilzt nicht vor dem Lötrohr, wird farblos, wenn durchsichtig und rein. Schmilzt man das Pulver mit Ätzkali und kocht es hierauf mit Salzsäure, so färbt die verdünnte saure Flüssigkeit Kurkumapapier orangefarben. Konzentriert man die Salzsäurelösung bis zur Kristallisation und kocht sie hierauf mit einer gesättigten Lösung von Kaliumsulfat, so erhält man einen weißen Niederschlag von Zirkonerde. Tritt auf hauptsächlich in Granitgesteinen, körnigen Kalksteinen, Chlorit und anderen Schiefern.

Jadeit $NaAlSi_2O_6$; SiO_2 — 60 vH, Al_2O_3 — 25 vH, Na_2O — 15 vH. Monoklin oder triklin. Mikrokristallin, derb. Prismatische Spaltbarkeit nach d. Fl. (110) unter einem Winkel von 93 bzw. 87°. Bruch splitterig. Härte 6,5—7. Spez. Gew. 3,35. Glasglänzend, auf der Spaltfläche perlmutterglänzend. Farbe weiß, graulich, grünlich verschiedener Schattierungen. Schmilzt zu einem halbdurchsichtigen, ein wenig blasigen Glase unter gelber Flammenfärbung. Tritt meist in Form von Geschiebe auf.

Glaukophan $NaAlSi_2O_6$; mit Fe_2O_3, FeO, CaO und MgO. Monoklin. Spaltbarkeit vollkommen nach d. Fl. (110). Bruch muschelig. Härte 6—6,5. Spez. Gew. 3—3,1. Glasglänzend bis Perlmutterglanz. Farbe schwärzlich bis bläulichweiß. Schmilzt zu trübem, bräunlichgrauem, grünlichem oder grauem Glase zusammen. Tritt auf in kristallinen Schiefern.

Enigmatit. Ist Hornblende, die auch Natrium enthält, aber triklin kristallisiert.

Cyanit oder Disthen. Härte 4,5—7. Flache blaue Kristalle in Glimmerschiefer; s. S. 86.

β. Härte 1—5.

Bronzit $(Mg,Fe)_2Si_2O_6$; SiO_2 — 53—56 vH, MgO — 30 bis 35 vH, FeO — 5—12 vH; bei unbedeutendem Eisengehalt oder, wenn ganz eisenfrei, **Enstatit** genannt. Rhombisch. Spaltbarkeit vollkommen nach d. Fl. (110). Bruch uneben. Härte 5,5. Spez. Gew. 3,1—3,3. Auf den Flächen vollkommenster Spaltbarkeit, die feine Fasern aufweisen, starker, metallartiger Perlmutterglanz. Farbe bräunlich, gelblich, grünlich. Vor dem Lötrohr kaum schmelzbar, nur ein wenig an den Kanten. In Salzsäure nicht löslich.

Titanit $CaTiSiO_5$; s. S. 65.

Diallagon, in bezug auf die chemische Zusammensetzung dem Diopsid ähnlich, enthält jedoch mehr Al_2O_3, $CaMgSi_2O_6$; SiO_2 — 56 vH, CaO — 26 vH, MgO — 18 vH. Monoklin. Gekennzeichnet durch blätterigen Bau. Vollkommene Absonderung nach d. Fl. (100), (010) und (001). Bruch uneben bis muschelig. Härte 4. Spez. Gew. 3,2—3,35. Fläche (100) perlmutterglänzend. Besitzt mitunter, ähnlich dem Bronzit, metallischen Schimmer infolge mikroskopischer Einschlüsse. Farbe grau, grünlich, bräunlich. Schmilzt vor dem Lötrohr. Charakteristischer Bestandteil des Gabbro.

Skapolith. Eine kleine Gruppe Kalknatronaluminsilikate, die isomorphe Gemenge von Meionit- und Marialithmolekülen darstellen: Ma — $Ca_4Al_6Si_6O_{25}$ und Me — $Na_4Al_3Si_9O_{24}Cl$; SiO_2 — 48—56 vH, Al_2O_3 — 24—29 vH, CaO — 7—9 vH, Na_2O — 5 bis 10 vH, Cl — 1—3 vH. Tetragonal. Spaltbarkeit ziemlich vollkommen nach d. Fl. (100). Bruch muschelig. Härte 5,5—5,6. Spez. Gew. 2,6—2,75. Glas- und perlmutterglänzend. Farblos, weiß. Die Varietät **Wernerit** — hellgrün, hellblau und rötlich. Schmilzt vor dem Lötrohr anfänglich schäumend und leuchtend zu weißem, blasigem Glase. Feines Pulver ist schwer zersetzbar. **Meionit** wird durch Salzsäure zersetzt unter Bildung gallertiger Kieselsäure. Tritt auf in Eruptivgesteinen in Drusen; in körnigem Kalkstein vielfach in guten, großen, prismatischen Kristallen. Findet sich nicht selten vergesellschaftet mit Muskovit, Apatit und Diopsid.

Lepidomelan. Dunkle, eisenreichste und manganarme Biotite. Schwarz; feinschuppig. Charakteristischer Glimmer der Nephelinsyenite, Granite u. a. m.

Meroxen. Ein gleichfalls eisenreicher Biotit, aber mehr Magnesia enthaltend. Hierher gehört auch der braune, rote oder grüne **Phlogopit** — eisenarmer Magnesiaglimmer. Enthält in den meisten Fällen Fluor. Gibt im Kolben Wasser. Liefert in offener Röhre eine Reaktion auf Fluor, ohne mit Glasflüssen eine Reaktion auf

Eisen zu geben. Wird vor dem Lötrohr weißlich und schmilzt an den Kanten. Wird durch Schwefelsäure völlig zersetzt unter Abscheidung von Kieselsäureflocken. Kommt hauptsächlich in den jungvulkanischen Gesteinen vor; seltener in den alten plutonischen Gesteinen.

Manganophyll s. S. 74.

Anomit. Unterscheidet sich vom Meroxen nur in optischer Beziehung.

Margarit (Kalkglimmer, Perlglimmer) $H_2CaAl_4Si_2O_{12}$; SiO_2 — 30 vH, Al_2O_3 — 51 vH, CaO — 14 vH, H_2O — 5 vH und geringe Mengen Fe_2O_3, FeO, MnO, MgO, K_2O, Li_2O und F. Monoklin. Spaltbarkeit nach d. Fl. (001) weniger vollkommen als beim Glimmer im allgemeinen. Die Blätter sind weder biegsam, noch elastisch, sondern spröde und von großer Härte. Härte 3,5—4,5. Spez. Gew. 3. Die Spaltfläche ist perlmutterglänzend, die anderen Flächen sind glasglänzend. Farbe weiß, perlmutter, rosa und rötlich. Gibt im Kolben Wasser. Wird vor dem Lötrohr weiß und schmilzt an den Kanten. Wird durch kochende Salzsäure langsam und unvollkommen zersetzt.

Chloritoid $H_2(Fe,Mg)Al_2SiO_7$; SiO_2 — 24 vH, Al_2O_3 — 41 vH, FeO — 28 vH, H_2O — 7 vH. Spaltbarkeit nach d. Fl. (001). Monoklin. Spaltbarkeit nach d. Fl. wie bei Margarit. Härte 6,5. Spez. Gew. 3,5—3,57. Farbe grünlich, schwärzlich. Vor dem Lötrohr kaum schmelzbar; dunkelt und wird magnetisch. Feines Pulver wird durch konzentrierte Schwefelsäure restlos zersetzt. Tritt auf in blatt- oder schalenförmigen Massen.

Ottrelith. Kleine, grünlichschwarze, sechseckige und abgerundete Täfelchen. Gehört zum Chloritoid, von dem es sich nur sehr wenig unterscheidet.

Xanthophyllit. Dem Margarit nahestehend. Unterscheidet sich durch den Gehalt von Manganoxydul. Härte 4,6. Spez. Gew. 3—3,1. Glasglänzend. Die Spaltfläche perlmutterglänzend. Farbe gelb, grün (Waluewit). Schmilzt nicht vor dem Lötrohr, wird trübe. Wird durch heiße Salzsäure langsam zersetzt unter Abscheidung von ein wenig Kieselsäure. Kommt vor in Talk- und Chloritschiefer.

Chlorit (Klinochlor, Ripidolith) gehört zur umfangreichen Gruppe von Mineralien, die ihrer Zusammensetzung nach ferromagnesiale Silikate sind und deren Kennzeichen grüne Färbung, geringe Härte, blättrige Struktur, vollkommene Spaltbarkeit nach einer Richtung und Biegsamkeit der Spaltblättchen sind. Chemisch unterscheiden sie sich durch leichte Zersetzbarkeit von Säuren und Fehlen von Laugen unter den Bestandteilen. Sie sind vornehmlich Zersetzungsprodukte mangan- und eisenreicher Silikate. $H_8(MgFe)_5Al_2Si_3O_{18}$. Monoklin. Härte 2—2,5. Spez. Gew. 2,65—2,78. Spaltfläche perlmutterglänzend. Farbe grün, mitunter rosarot. Gibt im Kolben Wasser. Liefert mit Borax ein durch Eisen, mitunter Chrom, gefärbtes Glas. Wird durch Schwefelsäure vollkommen zersetzt. Wird vor dem Lötrohr trübe, weißlich und schmilzt nur schwer an den Kanten. Die Kristalle haben die Form sechsseitiger und spitzwinkeliger dicker Tafeln und treten vergesellschaftet mit Granat und Diopsid auf. Eisenfreies Klinochlor bezeichnet man als Leuchtenbergit.

Pennin. Die chemische Zusammensetzung ähnlich der des Chlorit. Härte 2—3. Spez. Gew. 2,6—2,8. Bläulichgrün. Blättert sich auf vor dem Lötrohr und schmilzt zu einer gelblichen Kugel. Wird durch Salzsäure zersetzt.

Pseudophit. Apfelgrün. Dichte Varietät des Pennin. Findet sich in den Spalten der Chlorit- und sonstiger kristallinischer Schiefer.

Prochlorit $H_4(Mg,Fe)_3S_2O_9 + H_4(Mg,Fe)_2Al_2SiO_4$; SiO_2 — 25—28 vH, Al_2O_3 — 19—23 vH, FeO — 15—29 vH, MgO — 13—25 vH, H_2O — 9—12 vH. Monoklin. Sechsseitige Täfelchen, Prismen, mitunter in wurmförmigen Aggregaten. Härte 1—2. Spez. Gew. 2,8—2,96. Schwach perlmutterglänzend. Farbe bläulich-schwärzlich-grün. Verhält sich wie Klinochlor. Wird durch starke Säuren zersetzt. Dichte, feinkörnige bis feinschuppige Chlorite werden als Leptochlorite bezeichnet. Sehr oft auf den Kristallen des Quarzes, Flußspates, Sphenes u. a. m. aufgewachsen. Findet sich mitunter in den Kristallen dieser Mineralien.

Kaolin (Porzellanerde) $H_4Al_2Si_2O_9$. Monoklin. Die Spaltbarkeit ist vollkommen nach d. Fl. (001). Spröde. Härte 2—2,5. Spez. Gew. 2,6. Perlmutterglänzend, in dichten Massen erdig. Farbe meist weiß, mitunter gelblich, bläulich, rötlich und bräunlich. Zart anzufühlen, aber nicht fett. Schmilzt nicht vor dem Lötrohr; wird weiß, hart. Wird, mit Kobaltlösung benetzt, nach dem Glühen blau. Bildet mit Wasser einen Teig; verbreitet Tongeruch.

Ton. Hinsichtlich der Zusammensetzung dem Kaolin ähnlich, aber durch verschiedene Beimengungen verunreinigt, weshalb sie verschiedene Bezeichnungen tragen.

Wolchonskoit. Eine Art Ton mit starkem Chromgehalt.

Pyrophyllit $H_2Al_2Si_4O_{12}$; SiO_2 — 67 vH, Al_2O_3 — 88 vH. Monoklin. Spaltbarkeit sehr vollkommen nach einer Richtung. Härte 1—2. Spez. Gew. 2,8—2,9. Weich, in dünnen Blättchen biegsam. Perlmutterglänzend. Farbe gelblich oder hellgrün. Krümmt und spaltet sich vor dem Lötrohr, aber schmilzt nicht. Wird mit salpetersaurem Kobaltoxydul nach erfolgtem Glühen blau gefärbt. Gibt Wasser nur bei hoher Temperatur. Tritt auf in Platten und radialstrahligen Aggregaten.

γ. Härte über 5.

Feldspate. Bilden eine umfangreiche Gruppe von Aluminiumsilikaten des Kalium, Natrium, Calcium und — selten — Baryum, in denen Mangan und Eisen ganz fehlen. In bezug auf die kristalline Form und die Zusammensetzung zerfallen sie in monokline und trikline Flußspate. Zu den ersteren gehören: Orthoklas, ein Kalifeldspat und Hyalophan, ein Barytfeldspat. Zu den letzteren: Mikroklin, gleichfalls ein Kalifeldspat und die sog. Plagioklase — eine Reihe durch allmähliche Übergänge verbundener isomorpher Gemenge des Natronfeldspats (Albit) und des Kalkfeldspates (Anorthit).

Die allgemeinen Kennzeichen aller Feldspate sind: Ähnlichkeit der kristallinen Formen; vorhandene Spaltbarkeit nach zwei Richtungen, die einander unter dem Winkel von 90° (monoklin) oder nahe 90° (triklin) schneiden. Härte 6—6,5. Spez. Gew. 2,5—2,9. Ähnlichkeit der chemischen Formeln. Die Vertreter der triklinen Reihe der Kalknatronfeldspate, der Zwischenformen zwischen Albit und Anorthit, sind auf Grund der chemischen Reaktionen nur sehr schwer zu unterscheiden, dagegen lassen sie sich sehr genau nach ihren optischen Konstanten bestimmen.

Labrador. In seiner Zusammensetzung normal, entspricht er einem Gemenge von Albit- und Anorthitmolekülen im Verhältnis $Ab:An = 1:1$. Härte 5,5. Spez. Gew. 2,7—2,72. Auf der Spaltfläche ist eine Zwillingsstreifung zu beobachten. Zeichnet sich sehr häufig durch ein Farbenspiel, blau mit grün und gelb mit rot, mit halbmetallischem Glanz, aus. Bestandteil der wichtigsten Eruptivgesteine (Gabbro, Diorit u. a. m.).

Orthoklas $KAlSi_3O_8$, oft mit Na_2O als Beimenge; SiO_2 — 65 vH; Al_2O_3 — 18 vH., $K_2O(Na_2O)$ — 17 vH. Monoklin. Oft in verzüglich gebildeten prismatischen, tafelförmigen Kristallen; in Zwillingsverwachsungen und -durchwachsungen. Härte 6,5. Spez. Gew. 2,5. Glasglänzend bis perlmutterglänzend auf der Spaltfläche. Farbe gelb, rötlich, ziegelrot. Farblos bis wasserhell der Adular; glasig rissig der Sanidin. Schmilzt schwer, die Flamme violett färbend, was mitunter deutlich nur durch Kobaltglas zu sehen ist. Weniger deutlich bei dem natriumreichen Natronorthoklas.

6*

Hyalophan (Barytfeldspat) $(K_2Ba)Al_2Si_4O_{12}$; SiO_2 — 52 vH, Al_2O_3 — 22 vH, BaO — 16 vH, K_2O — 10 vH. Monoklin. Härte 6. Spez. Gew. 2,8. Farblos, weiß, auch fleischrot. Gibt nach Zersetzung, in Salzsäure gelöst, mit Schwefelsäure einen merklichen Niederschlag von Baryumsulfat.

Mikroklin. Die grüne Varietät ist der Amazonenstein. Triklin. In bezug auf die chemische Zusammensetzung dem Orthoklas gleich. Natronreich — Anorthoklas. Auf Pegmatitgängen sehr verbreitet.

Albit $NaAlSi_3O_8$; SiO_2 — 69 vH, Al_2O_3 — 19 vH, Na_2O — 12 vH. Triklin. Bruch muschelig oder uneben. Härte 6,5. Spez. Gew. 2,6. Farblos, weiß; selten grünlich, bläulich und rötlich gefärbt. Schmilzt ruhig, die Flamme stark gelb färbend. Findet sich sehr häufig auf Pegmatitgängen.

Anorthit $CaAl_2Si_2O_8$; SiO_2 — 43,2 vH, Al_2O_3 — 36,7 vH, CaO — 20,1 vH. Triklin. Bruch muschelig und uneben. Härte 6—6,5. Spez. Gew. 2,74—2,76. Farbe weiß, grau, rötlich. Schmilzt schwer vor dem Lötrohr zu farblosem Glase. Wird von Salzsäure völlig zersetzt unter Abscheidung von Kieselsäuregallerte.

Oligoklas. Gehalt an Albitmolekülen größer als beim Labrador. Vielfach mit eingelagerten Eisenglanzschüppchen — der Sonnenstein.

Amphibolen. Eine Mineraliengruppe von der Zusammensetzung RSiO, wo R hauptsächlich Ca, Mg, Fe, aber auch H, Na, Mn ist. Vielfach Aluminium enthaltend. Gekennzeichnet durch prismatische Spaltbarkeit unter Winkeln von 54°—56°. Mineralien der Eruptivgesteine, kristalliner Schiefer, Gneise.

Tremolit. Monoklin. $CaMg_3Si_4O_{12}$; Si_2 — 58 vH, MgO — 29 vH, CaO — 13 vH. Strahlig, feinfaserig, filzartig (Hornblende-Asbest, Amianth); leder- und korkähnlich Bergleder, Bergkork); dicht (mikrokristallin), zähe, sich ein wenig fettig anfühlend (Nephrit). Härte 5—6. Spez. Gew. 2,9—3,1. Farbe weiß, grau, grünlich. Schmilzt unter Aufblähen und Kochen zu weißem oder schwach gefärbtem Glase. Tritt auf in Kalkstein und Schiefer sowohl in Form von Einschlüssen als auch in dichten Massen.

Aktinolith (Strahlstein). In der chemischen Zusammensetzung dem Tremolit ähnlich, aber stets eisenoxydulhaltig. Monoklin. Stengelig, derb (z. T. Nephrit). Härte 5—6. Spez. Gew. 3—3,2. Farbe grün, schwärzlichgrün. Grüne Varietäten verfärben sich rot bei starker Erhitzung auf einer Platinplatte. Schmilzt ruhig zu grauem oder schwärzlichem Glase. Tritt meist in strahligen, dichten Massen unter Schiefer und Kalkstein auf.

Hornblende. Die Formel ist nicht genau festgestellt; führt mitunter als Beimengungen Mangan und Kalium. $SiO_2 - 38 - 57$ vH, $Al_2O_3 - 5-18$ vH, FeO und $Fe_2O_3 - 10-20$ vH, MgO $- 10 - 15$ vH, CaO $- 10 - 15$ vH, $Na_2O - 1 - 5$ vH. Monoklin. Härte 6. Spez. Gew. 3,0 — 3,5. Farbe schwarz, dunkelgrün, zwiebelgrün bis bläulichgrün (Pargasit). Schmilzt gewöhnlich blasenbildend zu schwarzem Glase. Bestandteil vieler kristalliner Gesteinsarten.

Zoïsit $HCa_2Al_3Si_3O_{13}$; $SiO_2 - 40$ vH, $Al_2O_3 - 34$ vH, CaO $- 24$ vH, HO $- 2$ vH. Rhombisch. Kristalle prismatisch, gut gebildet. Spaltbarkeit sehr vollkommen nach d. Fl. (010). Bruch uneben bis flachmuschelig. Härte 6 — 6,5. Spez. Gew. 3,2 — 3,4. Glasglänzend, die Spaltfläche perlmutterglänzend. Farbe weiß, grau, grünlich, rosarot (Thulit). Verhält sich wie Epidot. Bläht sich auf vor dem Lötrohr, wirft Blasen und schmilzt an den Kanten zu durchsichtigem Glas. Gibt mit Kobaltlösung eine blaue Färbung. Scheidet Wasser nur bei starkem Glühen ab. Als Einschlüsse in kristallinen Schiefern anzutreffen.

Pyroxene. Eine den Amphibolen nahestehende Mineraliengruppe mit der gleichen Grundformel $RSiO_3$ wo R vornehmlich gleich Ca, Mg und Fe, aber auch Mn und Zn, sowie Al ist. Zr, Ti und F sind selten enthalten. Sind gekennzeichnet durch prismatische Spaltbarkeit unter dem Winkel von $93°$ bzw. $87°$.

Diopsid $CaMgSi_2O_6$; $SiO_2 - 56$ vH, CaO $- 26$ vH, MgO(FeO) $- 18$ vH. Monoklin. Bruch unvollkommen muschelig. Härte 5,6. Spez. Gew. 3,2 — 3,8. Farblos, flaschengrün, graulich. Schmilzt zu weißlichem oder graulichem Glase. Schmilzt leichter bei Eisengehalt. Durch Salzsäure nicht zersetzbar.

Kokkolith enthält mehr Eisen; dunkelgrün und braun. Kommt oft in vorzüglich zum größten Teil aufsitzenden prismatischen, längs der Vertikalachse langgezogenen Kristallen vor. Findet sich vielfach mit Granat und Klinochlor in Chloritschiefer, Serpentin und Kalkstein.

Hedenbergit (Kalkeisenbergit) $CaFeSi_2O_6$; $SiO_2 - 48$ vH, FeO $- 30$ vH, CaO $- 22$ vH. Härte 3,5. Spez. Gew. 3,5 — 3,6. Schwarz. Schmilzt zu schwarzem, magnetischem Glase.

Augit $(Mg,Fe)(Al,Fe)_2SiO_6$; $SiO_2 - 48 - 51$ vH, $Al_2O_3 - 4$ bis 9 vH, FeO und $Fe_2O_3 - 6-22$ vH, CaO $- 18-22$ vH, MgO $- 10-15$ vH. Monoklin. Härte 5 — 6. Spez. Gew. 3,2 — 3,4. Farbe schwarz, dunkelgrün. Schmilzt ruhig oder schwache Blasen werfend zu schwarzem Glase. Die eisenreichen Varietäten geben auf Kohle eine Magnetkugel. Die meisten werden von Säuren nicht angegriffen. Gut ausgebildete schwarze Kristalle in Laven. Bestandteil von Gesteinen.

Hypersthen (Paulit) gehört zu der Gruppe rhombischer Pyroxene $(Fe,Mg)SiO_3$ (mitunter aluminiumhaltig). Bruch uneben. Härte 5—6. Spez. Gew. 3,4—3,5. Spaltfläche perlmutterglänzend, mitunter metallglänzend. Farbe dunkelbraun, grün, grünlichschwarz. Strich grau, braun. Hat durch das Vorhandensein feinplattiger Einschlüsse mitunter einen metallartigen Abglanz. Schmilzt vor dem Lötrohr zu schwarzer Emaille. Gibt auf Kohle eine magnetische Masse. Wird teilweise durch Salzsäure zersetzt.

Anthophyllit $(Mg,Fe)_4Si_4O_{12}$. Rhombisch. Besitzt außer der vollkommenen prismatischen Spaltbarkeit (56°) eine weniger vollkommene nach d. Fl. (010). Härte 5,5—6. Spez. Gew. 3,1—3,2. Glasglänzend, auf der Spaltfläche perlmutterglänzend. Farbe bräunlich, gelblich, smaragdgrün. Schmilzt zu schwarzer magnetischer Emaille nur in ganz dünnen Splittern. Tritt gewöhnlich in dichter Form in strahligen, breitblättrigen Aggregaten auf.

Leucit $K_2Al_2Si_4O_6$; SiO_2 — 55 vH, Al_2O_3 — 24 vH, K_2O — 21 vH, mit Spuren von Natriumoxyd. Regulär (bei 560° und höheren Temperaturen) und pseudoregulär (bei niederen Temperaturen). Besonders kennzeichnend sind die kristallinen Formen des Ikositetraeders (211) (Leucitoeder). Bruch muschelig. Härte 5,5—6. Spez. Gew. 2,4—2,5. Glasglänzend. Farbe grauweiß bis aschgrau, ebenso gelblich- und rötlichweiß. Verändert sich nicht vor dem Lötrohr. Einige Varietäten geben mit Kobaltlösung ein schönes Blau. Wird durch Salzsäure zersetzt unter Abscheidung von pulver- oder gallertartiger Kieselsäure. Tritt ausschließlich in vulkanischen Gesteinen auf.

Andalusit Al_2SiO_5. Rhombisch. Spaltbarkeit mitunter vollkommen nach d. Fl. (110). Kristalle in der Form tetragonaler Prismen. Bruch uneben oder muschelig. Härte 7,5. Spez. Gew. 3,2. Glasglänzend, oft wachsglänzend. Farbe weißlich, rosa und fleischrot, violett, perlgrau, olivengrün. Schmilzt nicht vor dem Lötrohr. Wird mit Kobaltlösung nach Erwärmung gefärbt. Wird von Säuren nicht zersetzt. Tritt meist in Ton- und Glimmerschiefern sowie in Gneisen auf.

1. **Chiastolithe** nennt man solche Andalusitkristalle, die eine Zersetzung erlitten haben und die Härte 5,5 besitzen. Die dunkle Ausfüllungsmasse besteht aus kohligen Substanzen in Form langer, farbloser, graulicher oder bräunlicher Prismen, mitunter dünn wie Nadeln, mitunter fingerdick, die in Tonschiefer eingewachsen sind.

2. **Disthen**. In bezug auf chemische Zusammensetzung und Verhalten dem Andalusit gleich. Triklin. Härte 6—7. Spez. Gew. 3,5—3,7. Farblos, weiß, gelblich, rötlich, grau (Rhäticit), blau

(Cyanit). Die Kristalle haben fast nie klar ausgebildete Enden. Tritt am häufigsten in kristallinen Schiefern auf.

Sillimanith. Ist gleichfalls in bezug auf chemische Zusammensetzung und Verhalten dem Andalusit ähnlich. Rhombisch. Spaltbarkeit sehr vollkommen nach d. Fl. (010). Gewöhnlich dünne, stark gestreckte bis faserige Kristalle, die mitunter in radialen Bündeln zusammenwachsen. Bruch uneben. Härte 6—7. Spez. Gew. 3,23—3,24. Halbdiamantglänzend. Farbe graulichweiß, graulichbraun, grau- und blaßgrün. Tritt auch in Gneisen, Glimmerschiefer und ähnlichen Gesteinsarten auf.

2. Mineralien, die im Kolben Wasser geben.

a) Mineralien, die eine gefärbte Borax- oder Phosphorperle liefern.

Chrysokoll (Kieselmalachit) $CuSiO_3.2H_2O$. Kryptokristallin. Derbe, opalähnliche, mitunter erdige Massen. Bruch muschelig. Härte 2—4. Spez. Gew. 2—2,24. Glasglänzend. Farbe grün, blau, türkisfarben, in unreinen Varietäten braun und schwarz. Zersetzt durch Salzsäure, scheidet er pulverförmige Kieselsäure aus. Tritt auf in den oberen Teilen der Kupfererze.

Asperolith ist kieselsaures Kupfer mit starkem Kupfergehalt.

Cyanochalcit, lasurblau, ist ein wasser- und phosphorhaltiges Kupfersilikat. Verhält sich ähnlich wie Chrysokoll. Zeichnet sich durch Sprödigkeit aus.

Serpentin (Ophit, Ophiolith, Schlangenstein) $H_4(Mg,Fe)_3Si_2O_9$; MgO — 43 vH, SiO_2 — 44 vH, H_2O — 13 vH. Monoklin. Kryptokristallin. Bruch splitterig oder muschelig; fühlt sich zuweilen fettig an. Härte 2,5—4. Spez. Gew. 2,5—2,7. Glanz sehr verschieden. Pechfettglänzend, perlmutterglänzend, wachsglänzend. Farbe gelb, grün, grau, rot und braun, schwärzlichgrün. Brennt sich weiß und schmilzt schwer an den Kanten. Wird im Kolben schwarz. Wird durch konzentrierte Salzsäure langsam, aber vollkommen, ohne Gallertebildung, zersetzt. Reagiert mit Glasflüssen auf Eisen. Ist das Produkt einer Veränderung der Olivingesteine.

Antigorit und Marmolith. Blätterige Serpentine. Zu ihnen gehört vermutlich auch der körnig-stengelige Pikrosmin, der nach einer Richtung spaltbar ist.

Chrysotil. Parallelfaserige Varietät des Serpentins, farblos, meist grün, gelb, braun, selten blau bis violett. Schillernder, metallartiger Glanz; Perlmutter- oder Seidenglanz. Verhält sich wie Serpentin.

Metaxit. Grünlichweiß; unterscheidet sich vom Chrysotil durch büschelartige Anordnung der Fasern. Schwach seidenglänzend.

Pyrosmalith $H_7[(Fe,Mn)Cl](Fe,Mn)_4Si_4O_{16}$; $SiO_2 - 35\,vH$, $FeO - 26\,vH$, $MnO - 26\,vH$, $Cl - 5\,vH$, $H_2O - 9\,vH$. Hexagonal. Spaltbarkeit vollkommen nach d. Fl. (0001). Bruch muschelig oder splitterig. Härte 4—4,5. Spez. Gew. 3—3,2. Perlmutterglänzend. Farbe nierenbraun bis olivengrün. Strich blaß. Schmilzt leicht zu schwarzem magnetischem Glas. Färbt die Flamme beim Zusammenschmelzen mit Phosphorsalz und Kupferoxyd blau.

Karpholith $H_4MnAl_2Si_2O_{10}$; $SiO_2 - 37\,vH$, $Al_2O_3 - 31\,vH$, $MnO - 22\,vH$, $H_2O - 11\,vH$, mit wechselnden Mengen Fe_2O_3, FeO, MnO_3, mitunter F. Monoklin. Faserig, sehr spröde. Härte 5—5,5. Spez. Gew. 2,9. Seidenglänzend. Farbe stroh-, wachsgelb. Bläht sich vor dem Lötrohr ein wenig auf und schmilzt. Gibt im Kolben Wasser. Wird von Säuren nur sehr wenig angegriffen.

Ardennit $SiO_2 - 28\,vH$, $V_2O_5 - 9\,vH$, $As_2O_5 - 3\,vH$, $Al_2O_3 - 23\,vH$, $Fe_2O_3 - 24\,vH$, $MnO - 27\,vH$, $CaO - 2\,vH$, $MgO - 3,3\,vH$, $H_2O - 5\,vH$. Rhombisch. Spaltbarkeit vollkommen nach d. Fl. (010), deutlich nach d. Fl. (110). Bruch muschelig. Härte 6—7. Spez. Gew. 3,6. Farbe gelb und gelbbraun. Schmilzt vor dem Lötrohr, sprudelnd und im Kolben Wasser gebend. Wird von Salz- und Salpetersäure überhaupt nicht, von Schwefelsäure nur schwer angegriffen.

Muscovit (Kaliglimmer) $H_2KAl_3Si_3O_{12}$; $SiO_2 - 45\,vH$, $Al_2O_3 - 39\,vH$, $K_2O - 12\,vH$, $H_2O - 4\,vH$ und kleine Mengen MgO, Na_2O, F. Monoklin. Spaltbarkeit vollkommen nach d. Fl. (001). Härte 2—2,5. Spez. Gew. 2,7—3,1. Glasglänzend, perlmutter- und mitunter seideglänzend. Farblos, graulich, gelblich, grünlich, rötlich. Schmilzt schwer zu gelbem Glase und gibt im Kolben Wasser, das mitunter Fluor enthält. Gibt mit Glasflüssen eine Reaktion auf Eisen, mitunter auf Mangan, selten auf Chrom.

Zum Muskovit gehören: der dichte **Damourit**, der feinschuppige, graue, talkähnliche **Sericit**; der smaragdgrüne **Fuchsit** und der **Öllacherit** mit 5 vH. Baryumoxydgehalt. Verwittert langsam.

Glauconit. Wasserhaltiges Kalieisenoxydsilikat; enthält auch Aluminium und Mangan. Tritt auf in Form runder, grüner Körner, die entweder selbst erdige Aggregate bilden oder in Sandstein, Ton oder Kalkstein eingewachsen sind, weshalb einige Grünsandsteine als Glaukonitsandsteine bezeichnet werden. Härte 2. Spez. Gew. 2,2—2,4. Flimmerglanz, matt. Schmilzt ohne Anschwellen. Gibt im Kolben Wasser. Ist in der Flamme geglüht magnetisch.

Garnierit $(MgNi)SiO_3H_2O$; $NiO - 47\,vH$. Bildet apfelgrüne amorphe, mitunter nierenförmige Massen. Klebt an der Zunge.

b) Mineralien, die die Lötrohrflamme färben.

Pektolith $HNaCa_2Si_3O_9$; SiO_2 — 54 vH, CaO — 34 vH, Na_2O — 9 vH, H_2O — 3 vH. Monoklin. Spaltbarkeit vollkommen nach d. Fl. (100) und (001). Bruch ungleich, faserig. Härte 5. Spez. Gew. 2,7—2,9. Seiden- und glasglänzend. Farbe weiß, grau. Gibt im Kolben Wasser. Schmilzt in der Pinzette vor dem Lötrohr zu einem blasigen, glasigen, durchsichtigen oder milchglasartigen Kügelchen unter Gelbfärbung der Flamme. Wird z. T. durch Salzsäure zersetzt unter Bildung schleimiger Kieselsäure.

Phrenit $H_2Ca_2Al_2Si_3O_{12}$; SiO — 44 vH, Al_2O_3 — 25 vH, CaO — 27 vH, H_2O — 4 vH. Meist eisenhaltig. Rhombisch. Spaltbarkeit deutlich nach d. Fl. (001). Die Kristalle haben ein tafelförmiges oder kurzsäuliges Aussehen. Härte 6—6,5. Spez. Gew. 2,8—3. Glasglänzend. Grün, olivenfarben. Pyroelektrisch. Verhält sich in der geschlossenen Röhre wie Pektolith. Färbt die Flamme vor dem Lötrohr in der Pinzette nicht deutlich und schmilzt unter starker Blasenbildung zu einem aufgeblähten, glasigen Kügelchen. Wird durch Salzsäure teilweise zersetzt unter Abscheidung von Kieselsäure. Tritt meist in dichten Massen und in körnigen Aggregaten auf.

Analcim $NaAlSi_2O_6H_2O$; SiO_2 — 55 vH, Al_2O_3 — 23 vH, Na_2O — 14 vH, H_2O — 8 vH; mitunter bis zu 6 vH. Calciumoxyd. Regulär. Spaltbarkeit nach d. Fl. (100). Bruch uneben. Spröde. Härte 5—5,5. Spez. Gew. 2,1—2,2. Farblos, weiß, grau, rötlich. Scheidet in der geschlossenen Röhre Wasser aus, wird weiß und undurchsichtig. Wird vor dem Lötrohr unter der ersten Einwirkung der Flamme, die hierbei gelb gefärbt wird, trübe, später jedoch, sobald das Schmelzen einsetzt, erneut wasserklar und schmilzt ohne sich aufzublähen zu einem glasigen, blasenarmen Kügelchen. Das Pulver gibt eine alkalische Reaktion. Kristalle oft groß (Trapezoeder) in Drusen im Eruptivgestein.

Apophyllit $H_7KCa_4Si_3O_{24}.4,5.H_2O$; SiO_2 — 54 vH, CaO — 25 vH, K_2O — 5 vH, H_2O — 16 vH. Enthält gewöhnlich etwas Fluor. Tetragonal. Kristalle in Drusen, in Form von Prismen, Bipyramiden oder Tafeln; seltener derb, schalig. Spaltbarkeit sehr vollkommen nach d. Fl. (001). Bruch uneben. Härte 4,5—5. Spez. Gew. 2,3—2,4. Spaltfläche perlmutterglänzend; die übrigen Flächen glasglänzend. Farblos oder helle Schattierungen von fleischrot. Zersetzt sich im Kolben, wird weißlich und scheidet Wasser unter saurer Reaktion aus. Wird vor dem Lötrohr in der Pinzette matt, färbt die Flamme violett und schmilzt unter Schäumen zu einem blasigen, glasigen Kügelchen. Liefert mit Phosphorsalz eine Reaktion auf Fluor und ein Kieselskelett. Das Pulver gibt eine starke alkalische Reaktion. Tritt in Erzadern und in verschiedenen Eruptivgesteinen auf.

c) Mineralien, die zu den vorgenannten Gruppen nicht gehören.

α. Härte 1—2.

Talk $H_2Mg_3Si_3O_{12}$; SiO_2 — 32 vH, H_2O — 4 vH. Rhombisch oder monoklin. Spaltbarkeit vollkommen nach d. Fl. (001). Blättrig, feinschuppig. Härte 1—1,5. Spez. Gew. 2,8. Spaltblättchen biegsam, aber nicht elastisch. Perlmutterglänzend. Farbe grünlich, gelblich, weiß, farblos. Blättert sich vor dem Lötrohr auf, ist aber nicht schmelzbar. Benetzt mit Kobaltlösung verfärbt er sich beim Erhitzen blaßrot. Wird durch Säuren nicht zersetzt. Ein sehr verbreitetes, mit Serpentin, Dolomit, Chloritschiefer u.a.m. vergesellschaftet auftretendes Mineral.

Speckstein (Steatit) ist dichter Talk. Vergleiche auch Pyrophyllit, S. 90. Findet sich an vielen Orten und bildet mit Quarz gemengt den Talkschiefer. Bildet oft das Muttergestein für Magnetit und verschiedene Kiese.

Pyrophyllit $Al_2H_2Si_4O_{12}$ s. S. 82.

Agalmatolith. Vielfach ein dichter Pyrophyllit. Auch specksteinähnliche Mineralien werden mitunter so bezeichnet. Der eigentliche Agalmatolith (Bildstein) ist derb und von splittrigem Bruch. Farbe grau, gelb, grün. Fühlt sich fettig an.

Seladonit (Grünerde). Eine feststehende Formel fehlt. Enthält SiO_2, Al_2O_3, CaO, MgO, K_2O, Na_2O, H_2O in wechselnden Mengen. Erdige und derbe Massen. Weich. Härte 1. Spez. Gew. 2,8—2,9. Farbe seladongrün. Schmilzt ruhig, ohne anzuschwellen, vor dem Lötrohr. Gibt im Kolben etwas Wasser.

Kaolin $Al_2H_3Si_2O_9$; s. S. 82.

Steinmark (Myelin) ist dichter Kaolin.

Paragonit $H_2NaAl_3Si_3O_{12}$; Na_2O — 8 vH. Die Spaltbarkeit ist, wie bei Glimmer überhaupt, sehr vollkommen. Härte 2,5—3. Spez. Gew. 2,8—2,9. Grauliche, gelbliche, grünliche, feinschuppige bis dichte Massen. Fast unschmelzbar vor dem Lötrohr. Einige Varietäten blättern sich auf und werden an den Kanten milchweiß. (Apfelgrün ist der Pregrattit.) Wird von Säuren nicht angegriffen. Ein charakteristisches Mineral der Pegmatitgänge. Bildet als Paragonitschiefer das Muttergestein des Staurolith und Zyanit.

Monradit SiO_2 — 55 vH, MgO — 32 vH, FeO — 9 vH, H_2O — 4 vH. In Form kristallinisch-blättriger und körniger Massen.

Spaltbar nach zwei Richtungen (50°). Härte 6. Spez. Gew. 3,27. Glasglänzend. Farbe honiggelb. Bildet eine wasserhaltige Varietät des Augit. Wird durch Salzsäure nur langsam zersetzt.

Xylotil (Bergholz), **Pilolith** (Bergleder) sind identisch mit Asbest oder eisenreichem Chrysotil, nur ist das Eisenoxydul in Eisenoxyd umgewandelt. In Form holzbrauner, faseriger, mehr oder minder holzähnlicher Massen. Werden vor dem Lötrohr nach längerem Glühen im Reduktionsfeuer magnetisch und von Salzsäure ohne Gallertebildung zersetzt. Vergleiche unter Tremolit, s. S. 84.

Klinochlor $H_8Mg_5Al_2Si_3O_{18}$; s. S. 81.

β. Härte über 3.

Desmin (Strahlzeolith) $H_4(Ca, Na_2) Al_2Si_6O_{18} . 4H_2O$; SiO_2 — 57 vH, Al_2O_3 — 16 vH, CaO — 8 vH, Na_2O — 2 vH, H_2O — 17 vH. Monoklin. Kristalle garbenförmig zusammengehäuft. Spaltbarkeit vollkommen nach d. Fl. (010). Bruch uneben. Härte 3,5 — 4. Spez. Gew. 2,1 — 2,2. Glasglänzend. Spaltfläche perlmutterglänzend. Farbe weiß, gelblich, rötlich. Wird in der Pinzette vor dem Lötrohr matt und undurchsichtig, bläht sich auf und schmilzt, sich zerteilend, unter Krümmen und Winden zu blasigem Glase. Findet sich in Erzgängen und Eruptivgesteinen.

Stilbit (Heulandit). Ein durch eingelagerte Goethitschüppchen ziegelroter Desmin. In bezug auf physikalische und chemische Eigenschaften dem Desmin gleich.

Epistilbit. Ein dem **Stilbit** ähnliches Mineral mit 2 vH. Natriumoxyd. Härte 4—4,5. Spez. Gew. 2,2 — 2,3.

Chabasit $(CaNa_2)Al_2Si_4O_{12}$; SiO_2 — 48 vH, Al_2O_3 — 20 vH, CaO — 11 vH, H_2O — 21 vH. Hexagonal. Bruch muschelig. Spröde. Härte 4—5. Spez. Gew. 2—2,2. Glasglänzend. Farblos, mitunter weiß, gelblich, rötlich. Zerknistert in der geschlossenen Röhre, bleibt jedoch hell (zuckerähnlich). Bläht sich vor dem Lötrohr auf und schmilzt schwer zu einem blasigen, opalähnlichen Glase. Scheidet mit Salzsäure schleimige Kieselsäure aus. Die Kristalle vielfach parallelopipedförmig, als Drusen in Basalten und Phonoliten.

Opal $SiO_2 . xH_2O$; amorph. Härte 5,5 — 6,5. Spez. Gew. 1,9 — 2,3. Zuweilen mit schönem Farbenspiel: Edelopal; rot oder gelb. Feueropal; wasserhell: Hyalit. Zum gemeinen Opal gehören: der Milchopal, milchweiß; der Holzopal, bräunlich, gelblich; der **Kascholong Menilit** (Leberopal) in nierenförmigen Absonderungen; Kieselsinter, Kieselguhr, mehlig bis locker; Schwimmkiesel, sehr porös; **Polierschiefer**, erdig, blätterig. Gibt im Kolben vor dem Lötrohr Wasser und mit Soda unter Zischen ein klares Glas. Unschmelzbar. In Kalilauge beim Kochen größtenteils oder vollkommen löslich. Die Lösung gibt mit einer genügenden Menge Salmiak einen Niederschlag von Kieselsäurehydrat. Bildet dichte Massen mit Fettglanz, mitunter mit Farbenspiel.

Chloropal $H_6Fe_2Si_3O_{12}.2H_2O$; SiO_2 — 42 vH, Fe_2O_3 — 37 vH, H_2O — 21 vH. Einige Varietäten mit Aluminium. Dicht, opalähnlich, erdig. Bruch muschelig und splitterig. Härte 2,5—4,5. Spez. Gew. 1,7—1,87. Farbe zeisiggrün. Schmilzt nicht vor dem Lötrohr, gibt Wasser, wird schwarz und magnetisch. Gibt mit Glasflüssen eine Reaktion auf Eisen. Wird durch Salzsäure teilweise zersetzt; hierbei wird bei einigen Varietäten pulverförmige Kieselsäure (Pinguit), bei anderen gallertartige Kieselsäure (Nontronit) gefällt. Das mit Kalilauge übergossene Pulver wird sofort (ohne Anwärmung) schwärzlich (Opaljaspis).

C. Mineralien, die weder Schwefelleber, noch eine Reaktion auf Kieselsäure geben.

I. Mineralien, die eine gefärbte Perle liefern.

1. Durch Eisenoxyde gefärbte Perle.

Limonit (Brauneisenerz) $Fe_4O_9H_6$; Fe_2O_3 — 85,6 vH, H_2O — 14,4 vH. Härte 5—5,5. Spez. Gew. 3,6—4,0. Spröde. Glanz seidenartig, halbmetallisch oder matt. Farbe nierenbraun, gelblich- oder schwärzlichbraun. Strich gelblichbraun. Infolgedessen sind die schaumigen und erdigen Varietäten ockergelb. Tritt gewöhnlich in dichten und erdigen Massen auf. Gibt im Kolben Wasser. Wird beim Glühen auf Kohle magnetisch. In Salzsäure löslich. Findet sich in dichten, oft porösen, luckigen, abgesetzten, stalaktitischen, adrigen Massen. Man unterscheidet je nach der Struktur: Brauneisenocker; oolithisches Brauneisenerz; Rasen- und Bohnerz.

Turjit (Hydrohämatit). In bezug auf Zusammensetzung analog dem Limonit. Unterscheidet sich im Wassergehalt.

Hämatit (Eisenglanz) Fe_2O_3; Fe — 70 vH. Hexagonal. Kristalle oft vorzüglich ausgebildet, plattenförmig, rhomboedrisch zu Drusen, Gruppen verbunden, häufiger jedoch auf- als eingewachsen. Bruch uneben, unvollkommen muschelig. Härte 5,5—6,5. Spröde. Spez. Gew. 4,9—5,3. Metallglänzend. Farbe eisenschwarz bis dunkelstahlgrau, oft bunt angelaufen. Strich kirschrot, braunrot bis rotbraun. Schmilzt nicht vor dem Lötrohr. Wird im Reduktionsfeuer schwarz und zeigt nach dem Rösten starke magnetische Eigenschaften. In Säuren äußerst langsam löslich. Kommt häufig in dichten Massen, in körnigen, schaligen und schuppigen Aggregaten vor. Man unterscheidet den derben, erdigen **Bergrötel, rote Kreide** u. a. m.

Magnetit (Magneteisenerz) Fe_3O_4; Fe — 72,41 vH. und O — 27,59 vH. Regulär. Vorzügliche oktaedrische Kristalle. Treten auf ein- bzw. aufgewachsen; in letzterem Falle zu Drusen zusammengewachsen. Bruch muschelig. Härte 5,5 — 6,5. Spez. Gew. 5,1 — 5,2. Metallglänzend, namentlich auf den Bruchflächen. Farbe eisenschwarz. Strich schwarz. Stark magnetisch, mitunter polarmagnetisch. Schmilzt sehr schwer vor dem Lötrohr. Reagiert mit Borax und Phosphorsalz auf Eisen. Verliert im Oxydationsfeuer die magnetischen Eigenschaften. Gepulvert löst er sich restlos in Salzsäure. Diese Lösung gibt mit Ammoniak einen schwärzlichen Niederschlag. Um einen braunen, fetzenartigen Niederschlag zu erhalten, muß die Lösung vorher mit Salpetersäure gekocht werden. Tritt in dichten Massen, in körnigen oder fast derben Aggregaten und gesprenkelt auf. Die Pseudomorphose nach Hämatit heißt **Martit**.

Göthit $Fe_2O_3 . H_2O$; Fe_2O_3 — 89,7 vH. und H_2O — 10,3 vH. Rhombisch. Kristalle gewöhnlich klein, zu Drusen oder Bündeln verbunden. Säulig, nadelförmig, fadenartig. Spaltbarkeit vollkommen nach d. Fl. (010). Bruch uneben. Spröde. Härte 5 — 5,5. Spez. Gew. 4 — 4,4. Diamantglänzend. Farbe gelblich-, rötlich- oder schwärzlichbraun. Durchsichtig oder undurchsichtig. Strich gelblichbraun. Wird vor dem Lötrohr im Oxydationsfeuer bräunlichrot und im Reduktionsfeuer, im Gegenteil, schwarz und magnetisch. Löst sich in Salzsäure auf. Tritt auch in stengeligen, nicht adrigen Aggregaten auf, die nieren-, traubenartige und sonstige Formen bilden.

Ilmenit (Titaneisenerz, Iserin, Menakanit) $FeTiO_3$; Fe — 36,8 vH, Ti — 31,6 vH. Hexagonal. Die tafelförmigen Kristalle sind ein- und aufgewachsen. Bilden in letzterem Falle oft fächerartige oder rosettenförmige Drusen bzw. Gruppen. Bruch muschelig. Härte 5 — 6. Spez. Gew, 4,5 — 5, bei magnesiareichen Varietäten jedoch nur 4,29 — 4,31. Halb metallglänzend. Farbe eisenschwarz, oft in braun, zuweilen in stahlgrau übergehend. Undurchsichtig. In dünnen Plättchen braun durchscheinend. Strich meist schwarz, glänzend, mitunter jedoch braun oder braunrot. Vor dem Lötrohr schmelzen die Titaneisenerze nicht. Geben mit Phosphorsalz im Reduktionsfeuer ein bräunlichrotes Glas. Das Pulver des Minerals löst sich bei Erhitzung langsam in Salzsäure auf. Die gelbe, filtrierte Lösung nimmt beim Kochen mit Staniol eine schöne blaue oder violette Farbe an. In Eruptivgesteinen eingewachsen anzutreffen.

Siderit (Eisenspat, Spateisenstein) $FeCO_3$; $FeO — 62$ vH und $CO_2 — 37,9$ vH. Hexagonal. Die Kristalle haben gewöhnlich die Form von Rhomboedern, deren Flächen vielfach sattelförmige Krümmungen aufweisen. Spaltbarkeit vollkommen nach d. Fl. (1011). Bruch unvollkommen muschelig. Härte 3,5—4,5. Spez. Gew. 3,7—3,9. Glas-, mitunter perlmutterglänzend. Farbe gelblichgrau, erbsgelb und gelblichbraun. Schmilzt nicht vor dem Lötrohr, brennt sich aber schwarz und wird magnetisch, wobei Kohlensäure entweicht. Reagiert mit Borax und Phosphorsalz auf Eisen, mit Soda gewöhnlich auf Mangan. Löslich in Säuren unter Brausen. Tritt auf in Erzgängen, vielfach vergesellschaftet mit Quarz, Zinkblende und Kupferkies.

Breunnerit, Mesitinspat. Eine eisenhaltige Varietät des Magnesit (s. S. 117 Magnesit). $2 MgCO_3.FeCO_3$. Hexagonal. Spaltbarkeit vollkommen nach d. Fl. (1011). Härte 3,5—4. Spez. Gew. 3,3—3,4. Farbe erbsgelb. Strich weiß. Brennt vor dem Lötrohr schwarz und wird magnetisch. Die salzsaure Lösung gibt eine Reaktion auf Eisen. Schmilzt leicht unter Brausen in Salzsäure. Aufgewachsene Kristalle mit Quarz und Dolomit.

Ankerit $CaCO_3.(Mg, Fe, Mn)CO_3$. Eine Zwischenform zwischen Calcit, Magnesit und Siderit. Hexagonal. Spaltbarkeit vollkommen nach d. Fl. (1011). Härte 3,5—4. Spez. Gew. 2,9—3,1. Glas- bis perlmutterglänzend. Farbe weiß, grau, rötlich. Zerknistert stark vor dem Lötrohr und verpulvert. Brennt sich schwarz nach dem Glühen und wird magnetisch. Reagiert mit Glasflüssen auf Eisen und Mangan. Tritt auf vergesellschaftet mit Siderit.

Braunspat. Isomorphes Gemenge von $CaCO_3 + MgCO_3 + FeCO_3$. Verhält sich wie Ankerit. Während dieser jedoch in kalter Salzsäure löslich ist, ist Braunspat nur in heißer löslich. Tritt meist in dichten Mengen auf Erzgängen auf.

Vivianit (Blaueisenerz, Eisenblau) $Fe_3(PO_4)_2.8 H_2O$; $Fe_2O_3 — 43$ vH, $P_2O_5 — 28$ vH, $H_2O — 29$ vH. Monoklin. Die Kristalle sind prismatisch, stengelig, meist klein, entweder vereinzelt oder zu strahligen Aggregaten verbunden. Spaltbarkeit sehr vollkommen nach d. Fl. (010). In dünnen Plättchen biegsam. Härte 1,5—2. Spez. Gew. 2,6—2,7. Glas- und perlmutterglänzend. Farbe indigoblau, schwärzlich oder bläulichgrün. Strich blaßbläulich, wird aber rasch blau. Durchscheinend, in dünnen Plättchen durchsichtig. Gibt im Kolben viel Wasser. Schwillt an und nimmt stellenweise graue und rote Farbe an. Schmilzt in der Pinzette zu einem grauschwarzen Magnetkügelchen und färbt die Flamme bläulichgrün. Tritt in kugel- und nierenförmigen Aggregaten von radialstengeliger oder aderiger Struktur auf. In dichten Massen, eingesprengt und erdig.

Kraurit (Grüneisenerz) $Fe_2(OH)_3PO_4$. Monoklin. Sehr spröde. Härte 3,5—4. Spez. Gew. 3,3—3,4. Schwach glänzend. Farbe schmutzig zwiebel- oder olivengrün sowie schwärzlichgrün. Strich zeisiggrün. Durchscheinend an den Kanten oder undurchsichtig. Schmilzt leicht in Salzsäure. Gibt im Kolben Wasser und schmilzt leicht zu einem porösen schwarzen, aber unmagnetischen Korn bei bläulichgrüner Flammenfärbung. Tritt auf in mikrokristallischem Zustande, kugel-, trauben- und nierenförmige Aggregate von strahlig-adriger Struktur und drusenförmiger Oberfläche bildend.

Kakoxen $Fe_4P_2O_{11} \cdot 12 H_2O$; $Fe_2O_3 - 47$ vH, $P_2O_5 - 21$ vH, $H_2O - 32$ vH. Härte 3—4. Spez. Gew. 3,4. Sehr mild. Seidenglänzend. Dünnfaserig. Farbe ocker- oder zitronengelb. Gibt im Kolben Wasser und Spuren von Fluorsäure. Schmilzt in der Pinzette zu schwarzer glänzender Schlacke zusammen unter bläulichgrüner Flammenfärbung. In Salzsäure löslich. Radialfaserige kugelförmige Aggregate auf Brauneisenstein.

Skorodit $FeAsO_4 2 H_2O$; $Fe_2O_3 - 34,6$ vH, $AS_2O_5 - 49,8$ vH und $H_2O - 15,6$ vH. Ein wenig spröde. Rhombisch. Kristalle prismatisch und oktaedrisch, klein und zu Drusen verbunden. Spaltbarkeit unvollkommen nach d. Fl. (120). Härte 3,5—4. Spez. Gew. 3,1—3,3. Glasglänzend. Farbe grün bis grünlichschwarz, sowie indigoblau, rot und braun. Durchscheinend. Gibt im Kolben Wasser und wird gelb. Bei stärkerem Erhitzen wird arsenige Säure sublimiert. Schmilzt leicht unter Blaufärbung der Flamme. Schmilzt auf Kohle unter Abscheidung von Arsenikdämpfen zu grauer, metallischer, magnetischer Schlacke. Schmilzt leicht in Salzsäure. Tritt auf in dünnsäuligen, adrigen, erdigen und derben Aggregaten.

Strengit $FePO_4 2 H_2O$ oder $(Fe_2Al_2)(PO_4)_2 \cdot 4 H_2O$. Rhombisch. Härte 3—4. Spez. Gew. 2,87. Glas- und perlmutterglänzend. Farbe pfirsichrot oder hyazintrot. Strich gelblichweiß. Gibt im Kolben Wasser. Schmilzt leicht zu schwarzer, glänzender Perle unter blaugrüner Flammenfärbung. In heißer Salzsäure löslich. In Salpetersäure nicht löslich. Kommt meist in kugel- oder nierenförmigen Aggregaten mit radialadriger Struktur vor.

Pharmakosiderit (Würfelerz) $Fe_4(OH)_3As_3O_4 6 H_2O$; $Fe_2O_3 - 40$ vH, $As_2O_5 - 43$ vH und $H_2O - 17$ vH. Regulär. Bruch uneben, ein wenig spröde. Härte 2,5. Spez. Gew. 2,9—3. Diamant- oder fettglänzend. Farbe pistaziengrün, honiggelb, hyazintrot und braun. Strich hellgrün oder gelb. Ein wenig durchscheinend. Pyroelektrisch. Gibt im Kolben Wasser, wird rötlich und bläht sich ein wenig auf. Schmilzt auf Kohle unter Verbreitung eines starken Arsengeruches zu stahlgrauer magnetischer Schlacke. In Säuren leicht löslich. Tritt auf in aufgewachsenen Kristallen.

Löllingit (Arseneisen) $FeAs_2$; Fe — 27,2 vH und As — 73,8 vH. Rhombisch. Spaltbarkeit wahrnehmbar nach d. Fl. (001). Die Kristalle sind langgezogen und gestreift. Bruch uneben. Härte 5—5,5. Spez. Gew. 7—7,4. Metallglänzend. Farbe silberweiß, zu stahlgrau neigend. Elektrischer Leiter. Schmilzt vor dem Lötrohr auf Kohle nach Entweichen der Arsendämpfe nur schwer zu einem Kügelchen. Gibt in der Glasröhre ein weißes Sublimat des Arsenigsäureanhydrids und scheidet Spuren von Schwefelsäure aus. Gibt im Kolben das Sublimat des metallischen Arsens.

Spinellgruppe. Allgemeine Formel: $\overset{II}{R}\,\overset{III}{R}_2O_4$. Regulär. Zeichnet sich sowohl durch gut ausgebildete oktaedrische Kristalle, als auch durch einen hohen Härtegrad, 7,5 — 8, aus. Verschiedenfarbig, von farblos bis schwarz. Schmelzen nicht vor dem Lötrohr, ändern die Farbe beim Erhitzen und Abkühlen. Schmelzen langsam mit Borax und schneller mit Phosphorsalz, in heißem Zustande eine rötliche, in kaltem — eine chromgrüne Perle liefernd. Schwarze Varietäten mit Glasflüssen reagieren auf Eisen. In konzentrierter Schwefelsäure schwer löslich. Einige Varietäten reagieren nicht nur auf Eisen, sondern auch auf Chrom.

Gemeiner Spinell $MgO.Al_2O_3$, mit bedeutendem Eisengehalt, färbt sich beim Glühen mit Kobaltlösung blau.

Pleonast (Eisenmagnesiaspinell, Ceylanit). Schwarz, 20 vH. Eisenoxydul.

Chlorospinell (Magnesiaeisenspinell) $MgO.(Al_2Fe_2)O_3$. Dunkelgrün. Kleine Oktaeder.

Chromspinell (Picotit). 8 vH. Chromoxyd. Gelb- und grünbraun.

Zinkspinell (Gahnit, Automolit) $ZnOAl_2O_3$; enthält Eisenoxyd. Gibt außerdem einen Zinkbeschlag auf Kohle.

Edelspinell. Verschiedenfarbige durchsichtige Varietäten. Am häufigsten kleine rote Oktaeder s. S. 125.

Gediegen Eisen. Kommt sehr selten in Basalten und Meteoriten vor. Beeinflußt stark die Magnetnadel. Unschmelzbar, Farbe grau.

Tantalit (FeMn)(Nb, Ta)$_2$. Rhombisch. Die Kristalle sind prismatisch und tafelförmig. Spaltbarkeit ziemlich wahrnehmbar nach d. Fl. (110). Bruch flachmuschelig. Härte 6. Spez. Gew. 5,3 — 7,3. Metall- und pechglänzend. Farbe schwarz. Strich kirschrot. Verändert sich vor dem Lötrohr nicht. Schmilzt langsam mit Phosphorsalz zusammen und gibt ein eisenähnliches Glas, das beim

Abkühlen im Reduktionsfeuer blaßgelb wird. Wird mit Zinn auf Kohle grün (eine dunkelrote, sich nicht verändernde Färbung weist auf das Vorhandensein von Wolfram hin); reagiert mit Soda und Salpeter auf Mangan. Wechselt man Tantal gegen Niob aus, so erhält man das Mineral Niobit (Columbit) mit den gleichen Kennzeichen. Man unterscheidet eine ganze Reihe Mineralien seltener Erden.

Fergusonit (brauner Yttrotantalit) $\overset{III}{R}(NbTa)O_4$, wo $\overset{III}{R} =$ Y.Er.Ce. Tetragonal. Bruch unvollkommen muschelig. Härte 5,5—6. Spez. Gew. 5,8. Mattglänzend. Bruch glasglänzend. Farbe nierenbraun und braunschwarz. Schmilzt nicht vor dem Lötrohr. Schmilzt schwer mit Borax, eine gelbe Perle in heißem Zustande gebend. Die gelblichrote gesättigte Perle löst sich langsam in Phosphorsalz, einen weißen unlöslichen Rückstand zurücklassend. Im Oxydationsfeuer ist die Perle gelb, im Reduktionsfeuer ist die Perle farblos. Bei Sättigung rötlich. Wird bei Abkühlung undurchsichtig.

Samarskit (Uranotantalit) $\overset{II}{R_3}\overset{III}{R_2}(Nb, Ta)_4 O_{21}$, $\overset{II}{R} =$ Fe, Ca, UO_2, $\overset{III}{R} =$ Y, Ce. Rhombisch. Kristalle in der Form rechteckiger Prismen und in der Form von Tafeln. Bruch muschelig. Härte 5—6. Spez. Gew. 5,6—5,8. Glas- bis pechglänzend. Farbe sammetschwarz. Zerknistert im Kolben. Schmilzt vor dem Lötrohr an den Kanten zu schwarzem Glase. Reagiert mit Glasflüssen auf Eisen und Uran.

Nohlit. Varietät des Samarskit. Dichte Struktur. Schwarzbraun gefärbt. Enthält eine gewisse Menge Wasser. Schmilzt ruhig vor dem Lötrohr an den Kanten zu trübem Glase. Zerknistert unter Abscheidung von Wasser. Schmilzt leicht mit Borax, eine urangefärbte Perle gebend.

Äschynit und Euxenit Nb, Fe, Th, Y, Er, Ce, U sowie unbedeutende Beimengen von Eisen, Calcium enthaltend. (Euxenit enthält das seltene Germanium). Rhombisch. Härte 5—6,5. Spez. Gew. 4,6—5. Farbe schwarz, braun, gelbbraun, nicht schmelzbar.

Äschynit bläht sich vor dem Lötrohr auf und wird braun. In Borax leicht löslich. Gibt im Oxydationsfeuer eine (in heißem Zustande) gelbe Perle; nach Abkühlung farblos. Im Reduktionsfeuer mit Stanniol wird die Perle fleischrot.

Euxenit schmilzt nicht vor dem Lötrohr. Gibt mit Borax und Phosphorsalz eine heiße gelbe Perle. Beim Abkühlen wird die Phosphorsalzperle bei genügender Sättigung gelblichgrün. (Reaktion auf Uran.) Bearbeitet man die vom Zusammenschmelzen mit Ätzkali erhaltene Masse allmählich mit Wasser und neutralisiert die Lösung mit Salzsäure, so erhält man einen Niederschlag, der beim Kochen mit konzentrierter Salzsäure und Stanniol eine durchsichtige saphirblaue Flüssigkeit gibt, die sich olivengrün verfärbt und schließlich farblos wird.

2. Durch Kupferoxyde gefärbte Perle.

Cuprit (Rotkupfererz) Cu_2O; Cu — 88,8 vH und O — 11,2 vH. Regulär. Die Kristalle in Form gut ausgebildeter Oktaeder (111) sind gewöhnlich aufgewachsen und zu Drusen und verschiedenen Gruppen verbunden. Spaltbarkeit ziemlich vollkommen nach d. Fl. (110). Bruch muschelig. Spröde. Härte 3,5 — 4. Spez. Gew. 5,8 — 6,2. Metallartiger Diamantglanz, Farbe kochenillerot, mitunter in bleigrau übergehend. Durchscheinend oder undurchsichtig. Strich bräunlichrot. Färbt in der Pinzette vor dem Lötrohr die Flamme blaßgrün, nach Benetzung mit Salzsäure in hübsches Blau. Brennt an Kohle schwarz, schmilzt ruhig und reduziert zu metallischem Kupfer. Löst sich in konzentrierter Salzsäure auf. Die abgekühlte Lösung, mit kaltem Wasser verdünnt, gibt einen weißen schweren Niederschlag von Kupferchlorür. Tritt in dichten Massen, körnige oder derbe Aggregate bildend, oder eingesprengt auf.

Tenorit CuO. Monoklin. Spaltbarkeit deutlich nach d. Fl. (001). Bruch uneben. Härte 3 — 4. Spez. Gew. 5,8 — 6,2. Metallglänzend. Farbe schwarz. Schmilzt nicht vor dem Lötrohr. Verhält sich wie Cuprit. Tritt auf in Pulverform, in Laven oder in bräunlichschwarzen Massen mit anderen Kupfererzen.

Malachit $CuCO_3Cu(OH)_2$; CuO — 71,9 vH, CO_2 — 9,9 vH und H_2O — 8,2 vH. Monoklin. Nadelförmige, haarförmige kleine Kristalle, dünne Plättchen und Schuppen. Spaltbarkeit vollkommen nach d. Fl. (001) und weniger vollkommen nach d. Fl. (010). Bruch unvollkommen, muschelig. Härte 3,5 — 4. Spez. Gew. 3,9 — 4,0. Diamantähnlicher Glasglanz. Aggregate — seidenglänzend oder matt. Farbe smaragd- oder spangrün. Strich span- oder apfelgrün. Wenig durchsichtig. Schmilzt vor dem Lötrohr und gibt metallisches Kupfer. Gibt im Kolben Wasser und wird schwarz. In Salzsäure unter Brausen löslich; löslich auch in Ammoniak. Tritt am häufigsten in trauben-, nierenförmigen wie überhaupt Absetzaggregaten von krummschaliger und gleichzeitig strahlenadriger Struktur, mitunter derb, auf.

Azurit (Kupferlasur, Chessylith) $Cu_3(OH)_2(CO_3)_2$; CuO — 69,2 vH, CO_2 — 25,6 vH und H_2O — 5,2 vH. Monoklin. Die Kristalle in Form kurzer kleiner Säulen oder dicker Tafeln, meist zu Drusen verbunden. Spaltbarkeit ziemlich vollkommen nach d. Fl. (001).

Bruch muschelig. Härte 3,5—4. Spez. Gew. 3,77—3,83. Glasglänzend. Farbe lasurblau, in erdigen Varietäten smalteblau. Strich smalteblau. Wenig durchsichtig. Verhält sich vor dem Lötrohr wie Malachit. Kommt dicht und eingesprengt in derben Aggregaten, aber auch in erdigem Zustande vor.

Aurichalcit $2(ZnCu)Co_3\ 3(ZnCu)(OH)_2$. Monoklin (?). Härte 2. Spez. Gew. 3,5—3,6. Perlmutterglänzend. Farbe hellblau, grünlichblau. Strich bläulich. Scheidet im Kolben Wasser aus und wird schwarz; schmilzt nicht. Liefert auf Kohle im Oxydationsfeuer mit Soda einen dichten Beschlag von Zinkoxyd. Reagiert mit Borax oder Phosphorsalz auf Kupfer. In Salzsäure unter Brausen löslich. Sehr seltenes Mineral. Tritt auf in dünnen Nadeln. Radialfaserig.

Atakamit $Cu_3Cl(OH)_3$. Rhombisch. Die Kristalle sind meist klein, zu verschiedenen Gruppen verbunden. Spaltbarkeit vollkommen nach d. Fl. (010). Bruch muschelig. Spröde. Härte 3—3,5. Spez. Gew. 3,75. Farbe lauch-, gras- oder smaragdgrün. Strich apfelgrün. Färbt die Flamme vor dem Lötrohr bläulichgrün. Gibt auf Kohle einen bräunlichen und grauweißen Beschlag. Schmilzt und liefert ein Kupferkorn. Die Beschläge verflüchtigen sich im Reduktionsfeuer und färben die Flamme lasurblau. In Säuren leicht löslich. Tritt auf in nierenförmiger Gestalt, in dichten Massen von stengeliger oder körniger Struktur und als freie Körner.

Türkis $AlPO_4Al(OH)_3H_2O$; Al_2O_3 — 46,8 vH, P_2O_5 — 32,6 vH und H_2O — 2,0 vH, mit einer Beimenge von Kupfer. Massiv, amorph oder kryptokristallin. Bruch flach muschelig. Härte 6. Spez. Gew. 2,6—2,8. Schwach wachsglänzend, mitunter spangrün. Undurchsichtig oder an den Kanten durchscheinend. Strich grünlichweiß. Gibt im Kolben Wasser, zerknistert stark und wird beim Glühen schwarz, dann braun, was vermutlich von dem Ausscheiden des Kupferoxyds bei Zersetzung von Kupferphosphaten abhängt. Dem Kupfergehalt hat das Mineral auch seine blaue Farbe zu verdanken. Die Flamme wird grün gefärbt, vor dem Lötrohr jedoch nicht schmelzbar. Gibt mit Borax und Phosphorsalz eine Reaktion auf Kupfer und Eisen. In Säuren löslich. Tritt auf in Form von Adern, in Nieren-, wie überhaupt in Absatzformen, in Form dünner Überzüge; in dichten Massen, eingesprengt und in der Form von Geröll.

Chalkolith (Kupferuranit) $CuO.2(UO_2)O.P_2O_5.18H_2O$. Tetragonal. Die Kristalle sind meist klein und besitzen die Form dünner Blättchen. Spaltbarkeit sehr vollkommen nach d. Fl. (001). Die Platten sind spröde. Härte 2—2,5. Spez. Gew. 3,4—3,6.

Perlmutterglänzend, auf der Spaltfläche diamantglänzend. Farbe gras- bis smaragdgrün, auch spangrün. Strich apfelgrün. Durchscheinend. Gibt im Kolben Wasser. Liefert auf Kohle mit Soda ein Kupferkorn; reagiert mit Phosphorsalz und einer kleinen Menge Stanniol auf Kupfer. Färbt, benetzt mit Salzsäure, die Flamme blau. In Salpetersäure löslich; die Lösung ist gelblichgrün. Wird beim Kochen mit Kalilauge braun. Die Kristalle treten einzeln oder zu kleinen Drusen verbunden aufgewachsen auf.

Libethenit $Cu_2(OH)PO_4$; $CuO - 66{,}5$ vH, $P_2O_5 - 29{,}8$ vH, $H_2O - 3{,}7$ vH. Rhombisch. Kristalle meist klein und einzeln oder in Drusen aufgewachsen. Bruch uneben. Härte 4. Spez. Gew. 3,6—3,8. Pechglänzend. Farbe lauch-, oliven- und schwärzlichgrün. Durchscheinend an den Kanten. Strich olivengrün. Verhalten vor dem Lötrohr und gegenüber Säuren wie Pseudomalachit. Schmilzt leicht. Färbt die Flamme smaragdgrün.

Pseudomalachit (Phosphorochalcit) $Cu_3(OH)PO_4$; $CuO - 70{,}8$ vH, $P_2O_5 - 21$ vH und $H_2O - 8{,}0$ vH. Tritt in Kristallen nicht auf, besitzt jedoch eine deutliche Spaltbarkeit nach einer Richtung. Härte 5. Spez. Gew. 3,4—4,4. Glasglänzend. Farbe schwärzlich-, smaragd- und spangrün. Strich spangrün. Sehr wenig durchsichtig. Gibt im Kolben Wasser und brennt sich schwarz. Bei Erhitzung der entwässerten Probe in der Pinzette erhält man ein schwarzes Korn, das beim Erkalten kristallisiert. Zerknistert vor dem Lötrohr bei rascher Erwärmung, bei langsamer — brennt es sich schwarz und schmilzt zu einem ein Kupferkorn enthaltenden Kügelchen zusammen. In Salpetersäure löslich. Derb, mit radialfaseriger Struktur.

Euchroit $Cu(CuOH)AsO_4 3H_2O$; $CuO - 47$ vH, $As_2O_3 - 34$ vH und $H_2O - 19$ vH. Rhombisch. Die Kristalle gewöhnlich in der Form kurzer, mit vertikaler Streifung bedeckter Prismen. Bruch uneben. Ziemlich spröde. Härte 3,5—4. Spez. Gew. 3,4. Glasglänzend. Farbe smaragd- und lauchgrün. Strich spangrün. Durchsichtig oder durchscheinend. Zerknistert nicht im Kolben, nimmt jedoch gelblichgrüne Farbe an und wird locker. Gibt im Kolben viel Wasser. Schmilzt vor dem Lötrohr und erstarrt zu einer grünlichbraunen kristallinen Masse. Schmilzt auf Kohle unter Verbreitung von Arsengeruch und gibt zunächst weißes Arsenkupfer und hinterher ein Korn reines Kupfer. In Salpetersäure löslich. Tritt auf mit Quarz in Glimmerschiefer.

Olivenit $Cu_3(AsO_4)_2 Cu(OH)_2$; $CuO - 56$ vH, $As_2O_5 - 41$ vH, $H_2O - 3$ vH. Rhombisch. Kristalle kurz- bzw. langsäulig, auch nadelförmig. Bruch uneben. Härte 3. Spez. Gew. 4,1—4,4. Diamantglänzend. Farbe grün, gelb, braun. Strich grün oder braun.

Gibt in der geschlossenen Röhre Wasser und wird graulichschwarz. Schmilzt leicht vor dem Lötrohr und färbt die Flamme lasurblau. Erstarrt bei Erkaltung zu einem Korn von strahliger Struktur. Liefert auf Kohle einen Arsenbeschlag und ein weißes Korn von Arsenkupfer. Gibt mit Soda ein Kupferkorn. In Säuren löslich. Tritt auf in kugel- und nierenförmigen Anhäufungen.

Gediegen Kupfer Cu. Regulär. Kristalle oft gut ausgebildet: Würfel, Oktoeder und andere Formen. Geschmeidig. Härte 2,5—3. Spez. Gew. 8,8—8,9. Vielfach in ästigen, haar- und moosförmigen Aggregaten. Schmilzt und gibt alle Reaktionen auf Kupfer. In Salpetersäure löslich. Tritt auf als metallisches Kupfer mit Cuprit, Malachit, Quarz, Calcit und anderen Gangmineralien.

Crednerit $Cu_3Mn_4O_9$; CuO — 43 vH, Mn_2O_3 — 57 vH. Monoklin. Spaltbarkeit nach drei Richtungen unter schrägen Winkeln. Härte 4,5. Spez. Gew. 5. Metallglänzend. Farbe eisenschwarz. Schmilzt nur an den Kanten. Nimmt mit Borax im Oxydationsfeuer dunkelviolette Färbung an (Mn). Gibt mit Phosphorsalz grünes Glas, das nach Erkalten blau und im Reduktionsfeuer rot wird (Kupfer). In Salzsäure löslich unter Abscheidung von Chlor. Färbt, benetzt mit Salzsäure, die Flamme lasurblau. Salzsaure Lösung, mit Ammoniak im Überschuß, wird blau gefärbt. Tritt meist in Absatzformen auf.

3. Durch Manganoxyde gefärbte Perle.

Pyrolusit (Weichmanganerz) MnO_2; Mn — 63,2 vH und O — 36,8 vH, meist noch etwas BaO, SiO_2, H_2O enthaltend. Rhombisch. Weich, schmutzt mitunter. Härte 2—2,5. Spez. Gew. 4,88. Halbmetallischer, schwacher Glanz. Farbe dunkelstahlgrau oder eisenschwarz. Strich schwarz. Undurchsichtig. Schmilzt nicht vor dem Lötrohr. Scheidet mit Salzsäure viel Chlor ab. Tritt in dichten Massen und eingesprengt, ferner in nieren- und traubenförmigen sowie in ästigen Aggregaten von strahlig-stengeliger oder faseriger Struktur sowie derb und erdig auf.

Polianit MnO_2; Mn — 63,2 vH und O — 36,8 vH. Tetragonal. Spaltbarkeit vollkommen nach d. Fl. (110). Bruch uneben. Härte 6—6,5. Spez. Gew. 4,83—5,06. Metallglänzend. Farbe lichtstahlgrau. Strich schwarz. Nicht schmelzbar. Reagiert mit Glasflüssen auf Mangan. Scheidet mit Salzsäure Chlor ab. Tritt in dichten Massen, in körnigen, adrigen und derben Aggregaten auf, die mitunter ein nierenförmiges Aussehen haben.

Manganit (Braunmanganerz) $Mn_2O_3H_2O$; Mn_2O_3 — 89,7 vH und H_2O — 10,3 vH. Rhombisch. Kristalle mit in vertikaler Richtung stark gestreiften Prismenflächen. Spaltbarkeit sehr vollkommen nach d. Fl. (010) und vollkommen nach d. Fl. (110). Etwas spröde. Härte 3,5—4. Spez. Gew. 4,3—4,4. Unvollkommen aber stark metallglänzend. Farbe dunkel, stahlgrau bis nahezu eisenschwarz, vielfach bräunlichschwarz, mitunter auch bunt angelaufen. Strich braun, in verändertem Zustande schwarz. Undurchsichtig. Schmilzt nicht vor dem Lötrohr. Scheidet in der geschlossenen Röhre Wasser ab. Reagiert mit Glasflüssen auf Mangan. Gibt mit Salzsäure Chlor. Tritt auf in Kristallen und in dichter, adriger, strahliger und derber Form, vielfach vergesellschaftet mit Baryt.

Psilomelan (Hartmanganerz) $MnO.MnO_2.H_2O$, öfter BaO und K_2O vorhanden. Amorph. Bruch uneben. Härte 5 — 6. Spez. Gew. 4,7. Schwachglänzend, mitunter erscheint das Mineral matt. Farbe dunkelgrau, schwarz. Strich braun oder schwarz und glänzend. Gibt im Kolben Wasser. Zerknistert vor dem Lötrohr und färbt die Flamme grün oder pistazienfarben, je nach dem Baryt- bzw. Kaliumgehalt. Sehr schwer schmelzbar. Scheidet beim Glühen viel Sauerstoff ab und das Wasser extrahiert aus der ausgeglühten Masse Alkalien oder alkalische Erden. Löslich in Salzsäure unter Abscheidung von Chlor. Tritt in dichten oder amorphen Massen auf.

Wad $MnO_2.MnO.H_2O$, amorph. Weist oft eine krummschalige Abblätterung auf. Bruch mitunter muschelig bis eben, oder undeutlich-schuppig, feinerdig. Überhaupt sehr weich, schmutzend. Nur einige Varietäten sind spröde. Spez. Gew. 2,3—3,7. Schwacher, halbmetallischer Glanz. Gewöhnlich blinkend oder matt scheinend. Farbe nierenbraun, schwärzlichbraun bis bräunlichschwarz. Strich glänzend. Undurchsichtig. Gibt im Kolben Wasser und reagiert vor dem Lötrohr wie Manganoxydul. Tritt in dichten Massen, Überzügen, in Trauben-, Nieren- wie überhaupt in Absatzformen auf.

Braunit Mn_2O_3. Gibt mit Borax, Phosphorsalz und Soda Reaktionen auf Mangan, s. S. 69.

Zinkit (Rotzinkerz) ZnO und eine Beimenge von Mangan. Spaltbarkeit vollkommen nach d. Fl. (0001). Bruch unvollkommen muschelig. Spröde. Härte 4—4,5. Spez. Gew. 5,4—5,7. Bruch diamantähnlich. Farbe blut- bis hyazinthrot. Durchscheinend an den Kanten. Strich pomeranzengelb. Schmilzt nicht vor dem Lötrohr. Gibt auf Kohle, insbesondere nach Zusatz von Soda, einen Beschlag von Zinkoxyd. Reagiert mit Borax und Phosphorsalz auf Mangan. Mit Kobaltlösung erhält man im Oxydationsfeuer eine grüne Färbung. In Säuren löslich. Tritt in dichten Massen von grobkörniger oder dickschaliger Struktur, auch eingesprengt, auf.

Franklinit (ZnFeMn)O(Fe, Mn)$_2$O$_3$. Regulär. Die Kristalle, oft mit abgerundeten Kanten und Ecken, sind ein- bzw. aufgewachsen. In letzterem Falle sind sie zu Drusen verbunden. Bruch muschelig bis uneben. Härte 5,5—6,5. Spez. Gew. 5—5,2. Metallglänzend. Farbe eisenschwarz. Strich braun. Schmilzt nicht vor dem Lötrohr, leuchtet aber sehr stark und funkt sogar. Gibt auf Kohle einen Beschlag von Zinkoxyd und liefert auf einem Platinplättchen mit Soda eine Reaktion auf Mangan. In heißer Salzsäure löslich unter Abscheidung von Chlor. Tritt auf in körnigen Aggregaten und eingesprengt.

Manganspat (Dialogit, Rhodochrosit) MnCO$_3$; MnO — 61,7 vH und CO$_2$ — 32,3 vH. Hexagonal. Die großen, gut ausgebildeten Kristalle sind meist sattel- oder linsenförmig gebogen. Spaltbarkeit vollkommen nach d. Fl. (1011). Spröde. Härte 3,5—4. Spez. Gew. 3,3—3,6. Glas- oder perlmutterglänzend. Farbe rosa, mitunter himbeer- oder bräunlichrot, auch grau, gelb, braun und zuweilen grün. Selten farblos. Durchscheinend. Strich weiß, rötlichweiß. Zerknistert oft stark vor dem Lötrohr ohne zu schmelzen und verfärbt sich grünlichgrau oder sogar schwarz. Reagiert auf Mangan. In Salzsäure bei gewöhnlicher Temperatur langsam, bei Erhitzung rasch und unter starkem Brausen löslich. Tritt größtenteils in kugel- und nierenförmigen Aggregaten von stengeliger Struktur oder in dichten körnigen Massen auf.

Triphylin Li(FeMn)PO$_4$. Rhombisch. Kristalle selten. Spaltbarkeit vollkommen nach d. Fl. (001). Bruch uneben. Härte 4,5. Spez. Gew. 3,5—3,6. Pechglänzend. Farbe grünlichgrau mit blauen Flecken als Folge der Verwitterung des Minerals (Eisenoxydul geht in Eisenoxyd über), lachsfarben, honiggelb und bräunlich. An den Kanten durchscheinend. Strich weiß. Zerknistert zunächst vor dem Lötrohr und schmilzt hierauf leicht und ruhig zu einem dunkelgrauen Magnetkorn, die Flamme bläulichgrün mitunter sogar rötlich (Li) färbend. Die grüne Färbung tritt deutlicher zutage, wenn die Probe vorher mit Schwefelsäure benetzt wird. Gibt mit Glasflüssen auf einem Platinplättchen eine Reaktion auf Mangan und Eisen. In Salzsäure löslich. Tritt in dichten grobkörnigen Aggregaten auf.

Hausmannit Mn$_3$O$_4$. Regulär. Härte 5,5. Spez. Gew. 4,7. Metallglänzend. Farben eisenschwarz. Spaltbarkeit ziemlich vollkommen nach d. Fl. (100). Verhalten wie das des Manganit. Tritt meist in großen Massen körniger Struktur auf.

Wolframit (FeMn)WO$_4$. Eisen- und Mangangehalt verhalten sich wie 9:1 bis 2:3. Monoklin. Die Kristalle haben meist die Form kurzer Säulen oder dicker Tafeln. Die Flächen vertikal gestreift. Mitunter schalenförmige Struktur. Spaltbarkeit sehr vollkommen nach d. Fl. (010). Bruch uneben. Spröde. Härte 5—5,6. Spez. Gew. 7,2—7,5. Auf den Spaltflächen metall- und diamantglänzend, auf den anderen pechglänzend. Farbe bräunlichschwarz. Strich rötlich- oder schwärzlichbraun. Undurchsichtig. In kleinen Kristallen oder dünnen Plättchen jedoch mitunter durchscheinend. Schmilzt vor dem Lötrohr auf Kohle bei starkem Blasen zu einem magnetischen, sich mit einer kristallischen Kruste bedeckenden Korn. Reagiert mit Borax auf Eisen und Mangan. Reagiert mit Phosphorsalz im Reduktionsfeuer auf Wolfram. Reagiert mit Soda auf einem Platinplättchen auf Mangan. Wird durch Königswasser zersetzt unter Abscheidung von Wolframsäure (Ocker) zu einem gelblichen Pulver. Tritt dicht in stengeligen, schaligen und grobkörnigen Aggregaten auf.

Der eisenfreie Wolframit, $MnWO_4$, der Hübnerit, ist weniger schmelzbar und zeichnet sich durch eine sehr deutliche Reaktion auf Mangan aus.

4. Durch Kobaltoxyde gefärbte Perle.

Kobaltblüte (Erythrin) $Co_3As_2O_8H_2O$; CoO — 37,47 vH, As_2O_5 — 38,46 vH. Monoklin. Die Kristalle sind klein, meist nadelförmig oder dünntafelig und zu Bündeln und verschiedenen Gruppen vereinigt. Spaltbarkeit sehr vollkommen nach d. Fl. (010). In dünnen Platten ein wenig biegsam. Härte 1,5—2,5. Spez. Gew. 2,9—3,15. Auf den Spaltflächen perlmutterglänzend, auf den anderen Flächen diamantglänzend. Farbe karmoisin- oder himbeerrot. Strich blaßrot. Durchscheinend. Gibt im Kolben Wasser und wird blau oder braun. Scheidet auf Kohle im Reduktionsfeuer Arsendämpfe ab und schmilzt zu einem dunkelgrauen, aus Arsenikkobalt bestehenden Korn. Färbt Borax blau. In Säuren leicht löslich, die Flüssigkeit rosa färbend. Tritt in faserigen und erdigen Aggregaten auf. Verwitterungsprodukt von Kobalterzen.

Asbolan (Kobaltmanganerz) CoO, CuO, MnO_2, H_2O, in wechselndem Verhältnis. Amorph. Bruch erdig. Färbt ab. Härte 1. Spez. Gew. 2,1—2,2. Mineral schwarz und matt. Undurchsichtig. Strich schwarz. Gibt beim Zusammenschmelzen mit Soda und Salpeter eine bläulichgrüne Masse. Die Lösung erhält mit Salzsäure eine smaragdgrüne Färbung. Zersetzungsprodukt des Speiskobalt und anderer Kobalterze.

Smaltin (Speiskobalt) $(CoFeNi)As_2$; Co — 28,2 vH. und As — 71,8 vH. Regulär. Kristalle rauh. Bruch uneben. Spröde. Härte 5,5. Spez. Gew. 6,37—7,3. Metallglänzend. Farbe zinnweiß bis lichtstahlgrau, grau oder bunt anlaufend. Strich graulichschwarz. Gibt in der offenen Röhre ein Sublimat von Arsenigsäureanhydrid, in der geschlossenen ein Sublimat von metallischem Arsen. Schmilzt leicht vor dem Lötrohr und verbreitet Arsengeruch. In Salpetersäure zu einer roten Flüssigkeit löslich. Tritt in dichten Massen von körniger oder derber Struktur auf, auch eingesprengt. Findet sich mitunter auch gestrickt, staudenförmig, nierenförmig u. a. m.

5. Durch Nickeloxyde gefärbte Perle.

Nickelin (Rotnickelkies) NiAs; Ni — 43,90 vH und As — 56,10 vH. Hexagonal. Kristalle sehr selten. Bruch muschelig oder uneben. Spröde. Härte 5,5. Spez. Gew. 7,3—7,7. Metallglänzend. Farbe lichtkupferrot, grau und schwarz anlaufend. Strich bräunlichschwarz. Scheidet vor dem Lötrohr auf Kohle Arsendämpfe ab, gibt jedoch ein weißes, kristallines Sublimat von Arsenigsäureanhydrid. Tritt in dichten Massen, körnig oder derb, auf, auch eingesprengt, ferner in Kugel-, Nieren-, dendritischer Form u. a. m.

Rammelsbergit $NiAs_2$; Ni — 28 vH, As — 72 vH. Rhombisch. Kristalle klein. Spaltbarkeit nach d. Fl. (110). Bruch uneben. Ein wenig zähe. Härte 5,5. Spez. Gew. 7,09—7,19. Metallglänzend. Farbe zinnweiß, frisch mit rötlichem Anstrich. Strich graulichschwarz. Undurchsichtig. Gibt im Kolben ein Sublimat von metallischem Arsen. Verhalten gegenüber Lötrohr und Säuren wie Nickelin. Tritt auf in dichten, körnigen Massen und eingesprengt. Zuweilen in Form von strahlig-stengeligen oder -adrigen Aggregaten.

Annabergit $Ni_3As_2O_8 . 8H_2O$; NiO — 37,57 vH, AsO — 38,56 vH und H_2O — 27 vH. Monoklin. Kristalle säulig. Bruch erdig, milde. Härte 2—2,5. Spez. Gew. 3—2,1. Mattglänzend. Undurchsichtig. Farbe apfelgrün oder grünlichweiß. Strich stärker glänzend. Gibt im Kolben Wasser und wird schwarz. Scheidet auf Kohle Arsendämpfe ab und reagiert auf Nickel. Schmilzt im Reduktionsfeuer leicht zu einem schwärzlichgrauen Korn. In Säuren leicht löslich. Tritt auf in Form flockiger Beschläge, dicht, eingesprengt und erdig.

Breithauptit (Antimonnickel) NiSb; Ni — 32,8 vH und Sb — 67,2 vH, wobei ein Teil des Antimon durch Arsen ersetzt wird. Hexagonal. Die Kristalle sind sehr klein und besitzen die Form sechseckiger Tafeln. Bruch uneben bis feinmuschelig; spröde. Härte 5,5. Spez. Gew. 7,54. Metallglänzend. Farbe kupferrot, violett anlaufend. Strich rötlichbraun. Vor dem Lötrohr auf Kohle bildet sich ein weißer Beschlag von Arsenigsäureanhydrid;

die Probe schmilzt jedoch schwer. Beim Erhitzen im Glasrohr erhält man ein geringes Sublimat von Arsen. Sehr seltenes Mineral. Tritt auf eingesprengt; zuweilen in dendritischer Form.

6. Durch Molybdänoxyde gefärbte Perle.

Molybdit (Molybdänocker) MoO_3; $Mo - 66,7$ vH und $O - 33,3$ vH. Rhombisch. Spaltbarkeit deutlich nach d. Fl. (001). Härte $1-2$. Spez. Gew. 4,5. Seiden- bis diamantglänzend auf Kristallen; bei feinerdiger Struktur matt. Farbe schwefelzitronengelb und pomeranzengelb. Undurchsichtig. Schmilzt vor dem Lötrohr auf Kohle, raucht und hinterläßt einen Beschlag, der in heißem Zustande gelb, in kaltem weiß gefärbt ist und einen inneren dunklen, kupferroten Rand von Molybdänoxydul aufweist. Verhält sich gegenüber Borax und Phosphorsalz wie Molybdänsäure. Gibt mit Soda auf Kohle ein graues, metallisches Pulver. In Salzsäure leicht löslich, wobei die farblose Lösung, wenn das Mineral eisenhaltig ist, blau gefärbt wird. Tritt auf in Form von Überzügen, Beschlägen und eingesprengt.

7. Durch Chromoxyde gefärbte Perle.

Chromit (Chromeisenerz) $FeO.Cr_2O_3$; $FeO - 32$ vH, $Cr_2O_3 - 68$ vH. Regulär. Kristalle klein und selten. Bruch uneben. Härte 5,5. Spez. Gew. $4,3-4,6$. Glanz halbmetallisch bis metallglänzend. Farbe eisenschwarz, braunschwarz, mitunter gelbrot. Strich braun. In ganz dünnen Tafeln gelblichrot und braun durchscheinend. Schmilzt und verändert sich nicht vor dem Lötrohr, wird jedoch nach dem Glühen im Reduktionsfeuer magnetisch. Reagiert mit Borax und Phosphorsalz auf Chrom und Eisen. In Säuren nicht löslich. Zersetzt sich beim Zusammenschmelzen mit Kalium- und Natriumbisulfat. Tritt in dichten, körnigen Massen und eingesprengt auf.

Krokoit (Rotbleierz) $PbCrO_4$; $PbO - 69$ vH, $CrO_3 - 31$ vH. Monoklin. Kristalle meist prismatisch, vertikal gestreift und zu Drusen verbunden. Härte $2,5-3$. Spez. Gew. $5,9-6,1$. Diamantglänzend. Hyazinthfarben oder gelblichrot. Strich pomeranzengelb. Durchscheinend. Zerknistert und dunkelt im Kolben, gewinnt jedoch beim Erkalten seine ursprüngliche Farbe wieder. Schmilzt leicht auf Kohle vor dem Lötrohr und reduziert zu metallischem Blei. Seltenes Mineral. Tritt auf in Quarzgängen und Granit.

Melanochroit $Pb_3Cr_2O_9$; $Pb - 77$ vH, $Cr_2O_3 - 23$ vH. Rhombisch. Kleine, tafelförmige Kristalle mit rechten Winkeln, zu fächerartigen Gruppen oder unregelmäßigen, zellenförmigen Aggregaten verwachsen. Spaltbarkeit nach einer Richtung vollkommen. Härte 3—3,5. Spez. Gew. 5,75. Pech- oder diamantglänzend. Farbe kochenille- oder hyazinthrot. Schmilzt auf Kohle rasch zu schwarzer Masse. Kristallisiert bei Erkalten. Reagiert mit Glasflüssen auf Chrom. In Salzsäure löslich unter Abscheidung von Chlorblei. Tritt in kleinen, dichten, dunkelroten Massen mit ziegelrotem Strich auf Bleiglanz auf.

Vauquelinit $2(Pb,Cu)CrO_4, (Pb,Cu)P_2O_8$; Cr_2O_3 — 15 vH, PbO — 70 vH, CuO — 5 vH. Monoklin. Kleine Kristalle. Bruch uneben. Härte 2,5—3. Spez. Gew. 5,8—6,1. Schwach diamant- oder pechglänzend. Farbe zeisiggrün, oliven- und ockerbraun. Schwach durchscheinend oder undurchsichtig. Bläht sich vor dem Lötrohr auf Kohle stark auf und schmilzt zu einem grauen, halb-metallischen Korn, hierbei ein kleines Metallkügelchen abschei-dend. Gibt mit Borax und Phosphorsalz in der äußeren Flamme ein grünes, durchsichtiges Glas, das im Innern nach Erkalten rot wird. In Salpetersäure z. T. löslich. Dichte, nierenförmige Krusten.

Joseit. Zinkhaltig. Rhombisch. Farbe pomeranzengelb. Zu den Bestandteilen des Joseit gehört Zink.

Laxmannit $(PbCu)_3(PO_4)_2(PbCu)_3Cr_2O_9$. In Form kleiner, tafel-förmiger, dunkelgrüner Kristalle; auch in Krustenform und in Form eines lichtgrünen, erdigen Pulvers. Eine Varietät des Vauquelinit.

8. Durch Uranoxyde gefärbte Perle.

Autunit (Kalkuranit) $Ca(UO_2)_2P_2O_8 . 8 H_2O$; CaO — 6,1 vH, UO_3 — 62,70 vH, P_2O_5 — 15,5 vH, H_2O — 15,7 vH. Rhombisch. Spaltbarkeit vorzüglich nach d. Fl. (001). Dünne Plättchen sind spröde. Härte 2—2,5. Spez. Gew. 3—3,2. Perlmutterglänzend. Farbe zitronen- bis schwefelgelb. Strich gelb. Durchscheinend. Gibt im Kolben Wasser und wird strohgelb. Schmilzt auf Kohle zu einer schwarzen Masse. Bildet mit Soda eine gelbe, un-schmelzbare Schlacke. In Schwefelsäure löslich, wobei die Lösung gelb gefärbt wird. Tritt auf eingewachsen oder zu kleinen Dru-sen verbunden.

Torbernit (Kupferuranit, Chalkolith). Hat die Zusammen-setzung des Autunit, nur ist Calcium durch Kupfer ersetzt. $Cu(UO_2)_2P_2O_8 . 8 H_2O$. Tetragonal. Spaltbarkeit vollkommen nach d. Fl. (001), ähnlich wie beim Glimmer, perlmutterglänzend. Farbe grün verschiedener Schattierungen. Verhält sich genau wie Au-tunit, gibt jedoch mit Soda ein Kupferkorn.

9. Durch Wolframoxyde gefärbte Perle.

Scheelit (Schwerstein, Tungstein) $CaWO_4$; CaO — 19,4 vH und WO_3 — 80,6 vH. Tetragonal. Die Kristalle sind meist pyramiden-, seltener tafelförmig. Tritt gewöhnlich einzeln aufgewachsen oder zu Drusen oder anderen Aggregaten verbunden auf. Spaltbarkeit deutlich nach d. Fl. (111). Bruch uneben. Härte 4,5 — 5,5. Spez. Gew. 5,9 — 6. Pechglänzend, z. T. in Diamantglanz übergehend. Selten farblos; gewöhnlich grau, gelb, braun, rot und sogar grün gefärbt. Strich weiß. Wenig durchsichtig. Schmilzt schwer vor dem Lötrohr zu durchsichtigem Glase. Gibt mit Borax leicht ein durchsichtiges Glas, das, bei vollkommener Sättigung, nach Erkalten milchweiß und kristallisch wird. Gibt mit Phosphorsalz im Oxydationsfeuer ein durchsichtiges und farbloses Glas; im Reduktionsfeuer in heißem Zustande ein gelbes oder grünes Glas, das bei Abkühlung blau wird. Wird in Salz- und Salpetersäure zersetzt unter Abscheidung eines in Ammoniak löslichen Pulvers. Tritt auf in dichten Massen und eingesprengt.

Wolframit $(Fe, Mn)WO_4$. Gibt mit Phosphorsalz im Reduktionsfeuer eine Reaktion auf Wolfram. Reagiert mit Soda auf einem Platinplättchen auf Mangan (s. S. 103).

Hübnerit, eisenfreies Wolframit, $MnWO_4$. Schmilzt schwerer und zeichnet sich durch eine heftige Reaktion auf Mangan aus.

Wolframocker (Tungstit) WO_3; W — 79,3 vH und O — 20,7 vH. Farbe grünlichgelb oder gelblichgrün. Matt. Durchsichtig. Erdig. Brennt sich vor dem Lötrohr auf Kohle schwarz, aber schmilzt nicht. Gibt mit Phosphorsalz im Oxydationsfeuer eine farblose oder gelbliche Perle, die im Reduktionsfeuer, nach Erkalten, ein blaues Glas liefert. In Ammoniak restlos löslich, in Säuren dagegen nicht löslich. Tritt auf in Form von Überzügen und Beschlägen.

Stolzit WO_4 s. S. 114.

10. Durch Titanoxyde gefärbte Perle.

Rutil TiO_2; Ti — 60 vH und O — 40 vH, fast immer mit einem geringen (bis zu 2,5 vH) Gehalt von Eisenoxyd. Tetragonal. Kristalle auf- oder eingewachsen. Stets säulig, oft in Form dünner, quarz- (Bergkristall) durchwachsender Nadeln oder Haare. Bruch muschelig oder uneben. Spröde. Härte 6 — 6,5. Spez. Gew. 4,2 — 4,3. Metallähnlicher Diamantglanz. Farbe rötlichbraun, hyazinthrot, blut- oder kochenillerot, mitunter gelblichbraun, ockergelb und schwarz, selten grasgrün. Strich gelblichbraun. Durchscheinend oder undurchsichtig. Schmilzt nicht vor dem Lötrohr und verändert sich nicht. Wird von Säuren nicht angegriffen. Reagiert mit Borax und Phosphorsalz auf Titan. Tritt auf in dichten Massen und eingesprengt, in individualisierten Massen und in körnigen Aggregaten.

Brookit TiO_2. Tetragonal. Kristalle klein, aber vorzüglich ausgebildet. Am häufigsten in der Form spitzer Pyramiden oder (seltener) in Tafelform. Spaltbarkeit vollkommen nach d. Fl. (001) und (111). Bruch unvollkommen muschelig. Spröde. Härte 5,5—6. Spez. Gew. 3,8—3,95. Metallähnlicher Diamantglanz. Selten farblos; meist indigoblau, mitunter fast schwarz, auch hyazinthrot, honiggelb und braun. Strich weiß. Halb- oder undurchsichtig. Schmilzt nicht vor dem Lötrohr, ändert aber nach dem Glühen sein spezifisches Gewicht, das sich bis zu dem des Rutil erhöht. Gibt beim Schmelzen mit Borax ein Glas, das im Reduktionsfeuer anfänglich eine gelbe und späterhin eine violettblaue Farbe annimmt. Wird von Säuren nicht angegriffen. Tritt auf aufgewachsen an den Wänden von Rissen der Silikatgesteine; gewöhnlich mit Bergkristall vergesellschaftet oder zerstreut an sekundären Lagerstätten.

Perowskit $CaTiO_3$ (eine unbedeutende Menge des Calcium durch Eisen ersetzt); TiO_2 — 59 vH, CaO — 41 vH. Kristallisiert meist regulär mit den Kanten parallel gestreiften Flächen. Spaltbarkeit ziemlich vollkommen nach d. Fl. (100). Bruch uneben bis muschelig. Spröde. Härte 5,5. Spez. Gew. 4. Glasglänzend; in dunkelgefärbten Varietäten halbmetallisch. Farbe von lichtgelb bis braunrot, selten grünlich. Schmilzt nicht vor dem Lötrohr. Schmilzt mit Phosphorsalz leicht zusammen und gibt im Oxydationsfeuer in heißem Zustande eine grüne Perle, die sich beim Erkalten entfärbt. Im Reduktionsfeuer wird die Perle graugrün und bei Erkalten violettblau. In kochender Salzsäure restlos löslich.

II. Mineralien, die auf Kohle einen weißen Beschlag liefern oder sich verflüchtigen.

1. Arsenbeschlag oder -rauch.

Arsen As; mit einer Beimenge von Antimon und Spuren von Silber, Eisen oder Gold und Wismut. Hexagonal. Kristalle allgemein Würfel und nadelförmig. Bruch uneben und feinkörnig. Spröde. Härte 3—5. Spez. Gew. 5,6—5,7. Metallglänzend, matt. Farbe licht, bleigrau, jedoch nur in frischem Bruch zu unterscheiden, da infolge von Oxydation auf der Oberfläche ein graulichschwarzer Beschlag in Erscheinung tritt. Verflüchtigt sich auf Kohle vor dem Lötrohr, ohne zu schmelzen, unter Verbreitung von Knoblauchgeruch und Hinterlassung eines weißen Beschlages. In der Flamme verflüchtigt sich dieser Beschlag und färbt sie lasurblau. Tritt gewöhnlich in feinkörnigen und derben, nierenförmigen und kugeligen Aggregaten von schalenförmiger Struktur auf.

Arsenolit (Arsenit, Arsenblüte) AsO_3; As — 75,78 vH und O — 24,22 vH. Regulär. Kristalle klein. Härte 6,5. Spez. Gew. 3,7—3,77. Schwach glasglänzend. Farblos oder weiß. Durchscheinend. Strich weiß. Geschmack herbsüßlich zusammenziehend. Sehr giftig. Gibt im Kolben vor dem Lötrohr leicht ein Sublimat kleiner Oktaeder. Reduziert auf Kohle beim Vermengen mit ein wenig feuchtem Soda, gibt ein metallisches Arsen und verdampft unter Verbreitung von Knoblauchgeruch. In Wasser schwer löslich. Tritt auf in Form kristallischer Krusten oder in der Form haar- und flockenähnlicher sowie erdiger Beschläge.

Adamin Zn_2OHAsO_4; ZnO — 56,6 vH, As_2O_5 — 40,2 vH und H_2O — 3,2 vH. Rhombisch. Kristalle sehr klein, prismatisch; vielfach gruppiert. Bruch uneben. Härte 3,5. Spez. Gew. 4,33—4,35. Stark glasglänzend. Farbe honiggelb und violettblau, auch rosa, grün und farblos. Durchsichtig. Gibt im Kolben unter leichter Zerknisterung Wasser. Wird weiß und porzellanähnlich. Gibt mit Kohlenpulver und Soda ein metallisches Sublimat des Arsen; liefert auf Kohle einen Zinkoxydbeschlag. Gibt mit Borax im Oxydationsfeuer eine gelbe Perle, die beim Erkalten sich entfärbt. In Salzsäure leicht löslich. Tritt auf in kleinkörnigen Aggregaten.

Pharmakolith $HCaAsO_4.2H_2O$; CaO — 2—5,9 vH, As_2O_5 — 53,3 vH, H_2O — 20,8 vH. Monoklin. Kristalle sehr selten, fein, in der Form von dünnen Nädelchen und Härchen, die mitunter zu kleinen traubigen oder nierenförmigen Gruppen oder Krusten von radialfaserigem Gefüge verbunden sind. Milde. In dünnen Blättchen biegsam. Härte 2—2,5. Spez. Gew. 2,73. Perlmutter- und glasglänzend. Farblos oder weiß. Strich weiß. Durchscheinend. Gibt im Kolben Wasser. Schmilzt leicht und verbreitet vor dem Lötrohr Arsengeruch. Gibt eine alkalische Reaktion. In Salpetersäure löslich.

2. Antimonbeschlag.

Antimon Sb. Meist mit kleinen Beimengen von Arsen, Silber und Eisen. Hexagonal. Kristalle selten. Spaltbarkeit sehr vollkommen nach d. Fl. (0001). Spröde. Bruch uneben. Härte 3—3,5. Spez. Gew. 6,6—6,8. Spez. Gew. des Antimon gediegen ist 6,714. Stark metallglänzend. Farbe zinnweiß, mitunter gelb oder bunt anlaufend. Undurchsichtig. Strich weiß. Schmilzt vor dem Lötrohr auf Kohle und gibt sowohl im Oxydations- als auch im Reduktionsfeuer einen weißen Beschlag. Dieser Beschlag färbt die Reduktionsflamme bläulichgrün. Kristallisiert sich nach dem Schmelzen. Liefert in der Röhre ein weißes, nicht kristallisches

Sublimat. Unterbricht man das Blasen, so glüht das erhaltene Metallkorn weiter fort, weiße Dämpfe ausscheidend und sich mit weißen Nadeln von Antimonoxyd bedeckend. Tritt auf in dichten Massen, in körnigen, blättrigen und, seltener, strahligen Aggregaten; auch eingesprengt; zuweilen auch kugelig, traubig oder nierenförmig.

Diskrasit (Antimonsilber) Ag_3Sb; Ag — 72,9 vH. Rhombisch. Kristalle kurzsäulig oder in der Form dicker Tafeln. Spaltbarkeit deutlich nach d. Fl. (001). Bruch uneben. Ein wenig spröde. Härte 3,5. Spez. Gew. 9,4—9,8. Metallglänzend. Farbe silberweiß, zu zinnweiß neigend oder gelblich, mitunter schwarz anlaufend. Strich weiß. Schmilzt leicht auf Kohle vor dem Lötrohr, gibt einen weißen Beschlag und hinterläßt beim Abschluß der Operation ein Silberkorn. Gibt im Glasrohr ein Sublimat des Antimonoxyds und bedeckt sich mit einer gelben, glasigen, gleichfalls aus Antimonoxyd gebildeten Haut. Tritt auf in dichten Massen, in körnigen Aggregaten und eingesprengt.

Senarmontit Sb_2O_3; Sb — 83,3 vH, O — 16,7 vH. Regulär. Kristalle von ziemlich großen Ausmaßen mit oft gewölbten Flächen. Ein wenig spröde. Härte 2—2,5. Spez. Gew. 5,22—5,30. Diamant- oder pechglänzend. Farblos, weiß oder grau. Durchsichtig oder durchscheinend. Strich weiß. Schmilzt im Kolben, sublimiert zum Teil (flüchtig). Schmilzt leicht vor dem Lötrohr auf Kohle und hinterläßt einen weißen Beschlag. Erhält im Reduktionsfeuer eine grünlichblaue Färbung. In Salzsäure löslich. Tritt auf in dichten, körnigen oder derben Massen, deren Höhlungen mit oktaedrischen Kristallen besät sind.

Valentinit (Antimonblüte, Weißspießglanzerz) Sb_2O_3; Sb — 83,3 vH und O — 16,7 vH. Rhombisch. Kristalle prismatisch oder tafelförmig. Spaltbarkeit vollkommen nach d. Fl. (010). Überaus spröde. Härte 2,5—3. Spez. Gew. 5,6. Spaltfläche perlmutterglänzend, die übrigen Flächen diamantglänzend. Farbe gelblichgraulichweiß bis gelblichbraun, asch- und schwärzlichgrau, selten rot. Halbdurchsichtig und durchscheinend. Strich weiß. Wird beim Erhitzen gelb und schmilzt überaus leicht zu einer weißen Masse. Sublimiert restlos im Kolben. Gibt auf Kohle einen dicken, weißen Beschlag, im Reduktionsfeuer metallisches Antimon. In Salzsäure leicht löslich. Durch Zusatz von Wasser zu der Lösung erhält man einen weißen Niederschlag. Tritt auf einzeln aufgewachsen oder zu federähnlichen, büschel- oder garbenförmigen Gruppen verbunden. Kommt auch in dichten Massen und eingesprengt, in körnigen, stengeligen und schuppigen Aggregaten vor.

3. Wismutbeschlag.

Wismut, Bi, vielfach mit Spuren von Arsen, Schwefel und Eisen. Hexagonal. Kristalle meist verkrüppelt und undeutlich ausgebildet. Leicht spaltbar nach der Basis (0001) und dem Rhomboeder r(1011). Weich, aber nicht zähe. In erhitztem Zustande geschmeidig. Härte 2—2,5. Spez. Gew. 9,6—9,8. Metallglänzend. Farbe silberweiß mit rötlicher Schattierung und vielfach bunt anlaufend. Strich grau. Schmilzt leicht vor dem Lötrohr und kann sich vollkommen verflüchtigen. Kristallisiert rasch nach dem Schmelzen. Schmelzpunkt etwa $265°$. Verwandelt sich auf Kohle bei dauerndem Blasen in Dämpfe und liefert zunächst einen weißen, später einen orangegelben Beschlag, der beim Erkalten ein wenig verblaßt. Gibt beim Zusammenschmelzen mit Schwefel und Jodkalium einen weißen Beschlag mit roten Rändern. In Salpetersäure leicht löslich. Die Lösung gibt, mit Wasser verdünnt, einen weißen Niederschlag. Tritt auf in Form von Blättern oder Drähten, am häufigsten jedoch in dichten Massen und in Form eingesprengter Körner.

Wismutit $Bi_2CO_3 . H_2O$. Amorph, erdig, pulverartig. Härte 4—4,5. Spez. Gew. 6,0—6,9. Glasglänzend. Farbe weiß, schmutziggrün. Zerknistert im Kolben und gibt Wasser. Schmilzt rasch vor dem Lötrohr. Wird auf Kohle zu Wismut reduziert und bedeckt die Kohle mit einem Beschlag von Wismutoxyd. Löst sich unter Brausen in Salpetersäure.

Wismutospherit Bi_2CO_5. Farbe gelb bis dunkelgrau. Verhält sich ganz wie Wismut, nur scheidet oo kein Wasser ab.

Wismutgold Au_2Bi. Tritt auf in dichten Einsprengelungen in Granit. Farbe silberweiß.

Wismutsilber Ag_6Bi. Feinkörnige Aggregate, silberweiß, bunt anlaufend.

Tetradymit (Tellurwismut) s. S. 56 und **Joseit**, gleichfalls Tellurwismut, ohne genaue Formel, geben eine Reaktion auf Wismut. Schmelzen auf Kohle, wobei sich verflüchtigende weiße Dämpfe entweichen, die sich in der Flamme grünblau färben. Die Kohle bedeckt sich zunächst mit einem weißen Beschlag (TiO_2) und zum Schluß mit einem orangegelben (Bi_2O_3).

4. Zinkbeschlag.

Smithsonit (Zinkspat, edler Galmei) $ZnCO_3$; ZnO — 64,8 vH und CO_2 — 35,2 vH. Kristalle hexagonal. Kristalle meist klein, mit abgestumpften und vielfach abgerundet erscheinenden Kanten. Spaltbarkeit vollkommen nach d. Fl. r(1011). Bruch unvollkommen muschelig. Spröde. Härte 3—3,5. Spez. Gew. 6,5—6,6.

Glas- oder perlmutterglänzend. Farblos, häufiger jedoch in lichten Schattierungen von grau, gelb, braun oder grün. Durchscheinend oder undurchsichtig. Strich weiß. Schmilzt nicht vor dem Lötrohr, verliert Kohlensäure und verhält sich dann wie Zinkoxyd. Gibt mitunter im Reduktionsfeuer auf Kohle einen rotbraunen Beschlag von Kadmiumoxyd. Mit einer Kohlenoxydlösung benetzt, wird im Oxydationsfeuer nach Erkalten grün. Gibt mit Soda auf Kohle Zinkdämpfe. In Säuren unter Brausen leicht löslich. Auch in Kalilauge löslich. Tritt auf in nieren- und trauben-, absatz- und schalenförmigen Aggregaten, sowie in dichten Massen von feinkörnigem oder derbem Gefüge.

Hydrozinkit (Zinkblüte) $ZnCO_3 . 2 Zn(OH)_2$; $ZnO - 75,24$ vH, $CO_2 - 13,62$ vH, $H_2O - 11,14$ vH. Kompakte Massen, mitunter absatzförmig wie beim Achat. Härte 2—2,5. Spez. Gew. 3,25. Mattglänzend. Farbe weiß, gelblichweiß. Strich weiß. Gibt im Kolben Wasser. Liefert vor dem Lötrohr eine Reaktion auf Zink. In Säuren unter Brausen löslich. Tritt auf in nierenförmigen und erdigen Massen.

5. Bleibeschlag.

Cerussit (Weißbleierz) $PbCO_3$; $PbO - 83,52$ vH und $CO_2 - 16,48$ vH. Rhombisch. Sehr charakteristische Durchwachsungszwillinge, die dunkelstrahlige, sternenartige Formen bilden. Bruch muschelig. Spröde. Härte 3—3,5. Spez. Gew. 6,5—6,6. Diamant- oder pechglänzend. Farblos, vielfach weiß, aber auch grau, gelb, braun, schwarz und selten grün oder rot. Mehr oder minder durchscheinend. Zerknistert stark im Kolben vor dem Lötrohr, wird gelb, gibt Kohlensäure und verhält sich dann wie Bleioxyd. Reduziert leicht auf Kohle zu metallischem Blei. In Salpetersäure leicht und vollkommen unter Brausen; auch in Kalilauge löslich. Tritt auf in feinkörnigen und erdigen Varietäten, einzeln aufgewachsen, zum Teil zu Gruppen und Drusen vereinigt, selten zu bündelartigen Aggregaten.

Pyromorphit (Buntbleierz, Braun- und Grünbleierz $Pb_5Cl(PO_4)_3$; $PbO - 82,27$ vH, $P_2O_5 - 15,71$ vH und $Cl - 2,62$ vH. Hexagonal. Kristalle prismatisch, nicht selten vertikal gestreift, tonnenförmig. Bruch uneben, feinmuschelig. Härte 3,5—4. Spez. Gew. 6,7—7,1. Pech-, zum Teil glasglänzend. Fast stets grün (gras-, pistazien-, oliven- und lauchgrün), braun, selten wachs- oder honiggelb gefärbt. Durchscheinend. Strich grünlichgelb. Gibt im Kolben ein weißes Chlorzinksublimat. Schmilzt sehr leicht vor dem Lötrohr und erstarrt späterhin, unter Abscheidung von Blei in Form eines polyedrischen Korns, das jedoch kein Kristall, sondern nur ein vielseitiges Aggregat bildet. Färbt die Flamme mit Phosphorsalz, das vorher mit Kupferoxyd gesättigt ist, lasurblau. (Wenn die Probe im Oxydationsfeuer vorgenommen wird.) Gibt mit Borsäure und Eisendraht Phosphoreisen und -blei. Dieses wird auch beim Zusammenschmelzen mit Soda reduziert. In Salpetersäure löslich, wenn nicht kalkhaltig, auch in Kalilauge. Tritt auf in nieren- und traubenförmigen, sowie in dichten Aggregaten.

Wulfenit $PbMoO_4$; $PbO - 60{,}73$ vH. und $MoO_3 - 39{,}27$ vH. Tetragonal. Kristalle tafelförmig, kurzsäulig oder pyramidenförmig. Treten gewöhnlich aufgewachsen und zu Drusen verbunden auf. Spaltbarkeit nach d. Fl. (111). Bruch unvollkommen muschelig. Ein wenig spröde. Härte 2,75—3. Spez. Gew. 6,7—7,0. Pech- oder diamantglänzend. Meist gelblichgrau, wachs-, honig- und pomeranzengelb bis lichtrot. Strich gelblichweiß. Zerknistert stark vor dem Lötrohr. Gibt mit Borax im Oxydationsfeuer ein farbloses Glas. Wird im Reduktionsfeuer schwarz, undurchsichtig oder schmutzig grün mit schwarzen Flecken. Zersetzt sich beim Eindampfen mit Salzsäure unter Bildung von Chlorzink und Molybdänoxyd. Schmilzt auf Kohle und dringt in sie ein, wobei metallisches Blei reduziert wird. Das gleiche ist beim Zusammenschmelzen mit Soda zu beobachten. In Phosphorsalz leicht löslich. Gibt ein helles, gelblichgrünes Glas, das im Reduktionsfeuer dunkelgrün wird. Tritt auf in dichten Massen in körnigen Aggregaten.

Mimetesit $Pb_3Cl(AsO_4)_3$; $PbO - 75$ vH, $As_2O_5 - 23$ vH. Hexagonal. Kristalle kurzsäulig, tafelförmig oder pyramidenförmig und selten ganz ausgebildet. Meist einzeln aufgewachsen, zu Drusen und verschiedenen kristallinen rosetten-, nierenförmigen usw. Gruppen verbunden. Bruch uneben. Härte 3,5. Spez. Gew. 7,2 bis 7,25. Pechglänzend. Farbe gelb (honig- und wachsgelb) bis farblos. Durchscheinend. Strich weiß und gelblich. Schmilzt leicht auf Kohle vor dem Lötrohr und gibt im Reduktionsfeuer unter Ausscheiden von Arsendämpfen ein Bleikorn. Wird nach dem Schmelzen in der Pinzette beim Erkalten kristallisch. Verhält sich Glasflüssen gegenüber wie Zinkoxyd. In Salpetersäure und Kalilauge löslich. Tritt auf in dichten Massen und erdigen Aggregaten.

Stolzit $PbWO_4$; $PbO - 48{,}99$ vH und $WO_3 - 51{,}01$ vH. Tetragonal. Die Kristalle haben meist die Form spitzer Pyramiden oder kleiner kurzer Säulen. Spaltbarkeit nach d. Fl. (001). Bruch muschelig, milde. Härte 3. Spez. Gew. 7,9—8,1. Pechglänzend. Farbe grau, braun, sowie grün und rot. Wenig durchsichtig. Strich weiß. Schmilzt leicht vor dem Lötrohr und zerknistert, die Kohle mit einem gelben Beschlag bedeckend. Erstarrt nach

Erkalten zu einem kristallischen Korn. Gibt mit Phosphorsalz im Oxydationsfeuer ein farbloses, im Reduktionsfeuer ein blaues Glas. Liefert mit Soda auf Kohle ein Bleikorn. In Salpetersäure löslich unter Ausscheidung von gelber Wolframsäure. Auch in Ätzkali löslich. Tritt auf einzeln oder zu auf Quarz gewachsenen nieren- und kugelförmigen Drusen verbunden.

Vanadenit $Pb_5Cl(VO_4)_3$; PbO — 79 vH, V_2O_5 — 19 vH. Hexagonal. Kristalle klein, gewöhnlich prismatisch. Bruch unvollkommen muschelig. Härte 3. Spez. Gew. 6,8—7,2. Pechglänzend. Farbe gelb oder braun, selten rot. Strich weiß. Undurchsichtig. Zerknistert stark vor dem Lötrohr und schmilzt auf Kohle zu einem Korn, das sich unter Entwicklung von Funken reduziert, sich hierbei in metallisches Blei verwandelnd. Die Kohle selbst bedeckt sich mit gelbem Beschlag. Gibt mit Phosphorsalz im Reduktionsfeuer in heißem Zustande ein rötlichgelbes Glas, das bei Erkalten sich gelblichgrün färbt. Im Reduktionsfeuer erhält man ein schönes grünes Glas; im Oxydationsfeuer wird er hellgelb. Seltenes Mineral. Tritt auf in nierenförmigen Aggregaten von dünnstengeligem oder faserigem Gefüge.

Phosgenit $Pb_2Cl_2CO_3$; $PbCO_3$ — 49 vH, $PbCl_2$ — 51 vH. Tetragonal. Spaltbarkeit wahrnehmbar nach d. Fl. (100) und (110). Härte 2,7—3. Spez. Gew. 6,0—6,1. Diamantartig glänzend. Farbe gelblichweiß, traubengelb, grünlichweiß, spargelgrün oder grau. Strich weiß. Durchsichtigkeit verschiedener Grade. Schmilzt leicht vor dem Lötrohr zu einem undurchsichtigen gelben Korn, das nach Erkalten weiß wird und sich kristallisiert. Gibt auf Kohle im Reduktionsfeuer metallisches Blei unter Abscheidung saurer Dämpfe. In verdünnter Salpetersäure unter Brausen löslich. Die Lösung reagiert auf Chlor. Sehr seltenes Mineral.

6. Zinnbeschlag.

Kassiterit (Zinnstein) SnO_2; Sn — 78,6 vH und O — 21,4 vH. Tetragonal. Kristalle kurzsäulig oder pyramidenförmig ein- bzw. aufgewachsen. In letzterem Falle meist zu Drusen vereinigt. Bruch uneben, flachmuschelig. Spröde. Härte 6—7. Spez. Gew. 6,8—7. Stark diamantglänzend. Farblos, meist jedoch gelblichbraun, rötlichbraun, nieren- und schwärzlichbraun, pechschwarz, gelblichgrau, rauchfarben und, seltener, gelblichweiß, traubengelb oder hyazintrot. Schmilzt nicht vor dem Lötrohr und bleibt unverändert. Auf Kohle wird jedoch im Reduktionsfeuer mit Soda zu metallischem Zinn reduziert. Mit Glasflüssen ergeben sich mitunter Reaktionen, die auf das Vorhandensein von Eisen und Mangan hinweisen. Wird von Säuren angegriffen. Er muß daher zwecks Zersetzung mit Ätzlaugen zusammengeschmolzen werden. Tritt in dichten Massen auf, derbe oder körnige Aggregate bildend, sowie eingesprengt; vielfach in der Form mikroskopisch kleiner Körner. In seltenen Fällen bildet er dünnhaarige Aggregate. Schließlich findet er sich in Form von Knotenstücken, Geröll und freien Körnern.

III. Mineralien, die nach Ausglühen oder Schmelzen auf Kurkumapapier eine alkalische Reaktion liefern.

1. In Wasser nicht lösliche Mineralien.

Calcit $CaCO_3$; CaO — 56,0 vH und CO_2 — 44,0 vH (in den reinsten Varietäten wie in isländischem Spat). Hexagonal. Vorzüglich ausgebildete Kristalle. Außergewöhnlich großer Formenreichtum. Säulig, tafelförmig; rhomboedrisch und skalenoedrisch. Spaltbarkeit sehr vollkommen nach d. Fl. r (1011). Bruch muschelig. Härte 3. Ändert sich merklich je nach der Richtung im Kristall. Spez. Gew. 2,7—2,72. Glasglänzend, auf der Spaltfläche mitunter perlmutterglänzend. Irisiert. Nimmt durch Beimengungen gewöhnlich lichte verschiedenfarbige Schattierungen an; blau, grün, gelb, rot, braun und schwarz, am häufigsten jedoch weiß oder grau. Strich weiß. Zerknistert im Kolben und kann, wenn metallische Beimengen enthaltend, die Farbe verändern. Wird ätzend. Verleiht der Flamme, nach Befeuchtung mit Salzsäure, die für Calcium charakteristische Färbung. Schmilzt in Borax, sich aufblähend, und verwandelt sich bei Sättigung zu einer undurchsichtigen milchigweißen Perle. Vor dem Lötrohr nicht schmelzbar; wird jedoch trübe, verliert Kohlensäure und leuchtet sehr stark. In Salzsäure sehr leicht schmelzbar, unter Brausen; selbst bei niedriger Temperatur. In Kohlensäure enthaltendem Wasser löslich. Die Varietäten des Calcits sind sehr zahlreich. Die wichtigsten sind: **Kalkspat**, mit vorzüglicher Spaltbarkeit; **isländischer Spat** — völlig durchsichtig und farblos; **Marmor** — körniger Kalkspat; **dichter Kalkstein** von dichtem Gefüge. **Muschelkalk; Kalktuff (Travertin); Kalksinter, Stalaktiten und Stalagmiten; oolithischer** und **pisolithischer Kalkstein** (Rogen- und Erbsenstein gehören z. T. zum Aragonit); **Faserkalk, Schalenkalk, Kreide.** Ein Gemisch von Kalk und Ton ist der **Mergel.**

Gaylussit (Natrocalcit) $CaCO_3 Na_2 CO_3 H_2 O$. Monoklin. Kristalle oft langgezogen. Spaltbarkeit vollkommen nach d. Fl. (110). Bruch muschelig. Härte 2,5. Spez. Gew. 1,0—1,95. Glasglänzend. Farblos und durchsichtig. Strich weiß. Schmilzt rasch vor dem Lötrohr zu einem undurchsichtigen Korn, die Flamme rötlichgelb färbend.

Zerknistert im Kolben, gibt Wasser, wird undurchsichtig und offenbart hierauf eine alkalische Reaktion. In Säuren unter Brausen löslich. Tritt auf einzeln in Ton eingewachsen.

Aragonit $CaCO_3$; $CaO - 56{,}0$ vH und $CO_2 - 44{,}0$ vH mit kleinen Beimengen von kohlensauren Mangan-, Eisen- und Strontiumsalzen. Rhombisch. Kristalle in Form kleiner Säulen, in nadelförmigen und strahligen Anhäufungen. Spröde. Härte $3{,}5 - 4$. Spez. Gew. $2{,}9 - 3$. Glasglänzend, in Pechglanz übergehend. Farblos oder gelblich, bläulich, rötlich und violett gefärbt, wobei es selten satte Farben sind. Strich weiß. Verhalten das gleiche wie das des Calcit. Das Pulver färbt sich beim Erhitzen im Reagenzglas mit Kobaltlösung violett (zum Unterschiede von Calcit). Tritt auf mit Gips und Schwefel auf Brauneisenstein, in Ton und Erzgängen. Anhäufungen in Form kleiner Kügelchen bezeichnet man als Erbsenstein, in Form von Stengelbildungen — als Eisenblüten.

Dolomit $CaCO_3MgCO_3$. Hexagonal. Kristalle selten vereinzelt. Meist zu Drusen vereinigt; kugelartige, zellenförmige u. a. m. Aggregate. Spaltbarkeit vollkommen nach d. Fl. r (1011). Bruch muschelig. Spröde. Härte $3{,}5 - 4{,}5$. Spez. Gew. $2{,}85 - 2{,}95$. Glasglänzend, mitunter perlmutterglänzend. Farblos oder weiß, nicht selten aber auch in lichten Schattierungen von grau, gelb, rot und grün, mitunter sogar schwarz. Durchscheinend. Strich weiß. Schmilzt nicht vor dem Lötrohr und verliert Kohlensäure. Reagiert vielfach auf Eisen, zuweilen auf Mangan. In heißer Salzsäure löslich; reagiert auf Calcium und Mangan. Tritt auf in dichten Massen, körnige und derbe Aggregate bildend, mitunter locker und porös.

Magnesit (Talkspat) $MgCO_3$. Hexagonal. Spaltbarkeit vollkommen nach d. Fl. r (1011). Bruch muschelig. Härte $3 - 5$. Spez. Gew. $2{,}85 - 2{,}95$. Glasglänzend. Durchscheinend bis durchsichtig. Farbe schneeweiß, graulich- oder gelblichweiß. Im Strich zuweilen glänzend. Verhält sich vor dem Lötrohr wie reiner Magnesit, d. h. er verliert beim Ausglühen Kohlensäure und verfärbt sich mit Kobaltlösung rosa. Tritt auf in nierenförmigen Aggregaten oder in dichten Massen. Gefüge derb, mitunter jedoch rissig.

Hydromagnesit $3MgCO_3Mg(HO)_2 3H_2O$; $MgO - 44$ vH, $CO_3 - 36$ vH. Monoklin. Kristalle klein. Tritt meist in verdecktkristallischen weißen, abgerundeten, glatten Nieren mit erdigem Bruch auf sowie in strahlig-stengeligen Aggregaten. Spröde. Härte $3{,}5$. Spez. Gew. $2{,}1 - 2{,}2$. Glas- bis seidenglänzend. Scheidet im Kolben Wasser und Kohlensäure ab. Vor dem Lötrohr nicht schmelzbar. In Säuren löslich.

Witherit $BaCO_3$; BaO — 77,68 vH und CO_2 — 22,32 vH. Rhombisch. Kristalle oft mit einer undurchsichtigen Kruste überzogen, wobei die Formen an jene des hexagonalen Systems erinnern. Bruch uneben. Härte 3—3,5. Spez. Gew. 4,2—4,3. Glasglänzend, im Bruch pechglänzend. Durchscheinend, selten durchsichtig. Strich weiß. Farblos, graulich oder gelblich. Schmilzt vor dem Lötrohr zu einem durchsichtigen Glas zusammen, das nach Erkalten emailleähnlich wird. Die Flamme färbt sich hierbei gelblichgrün. Schmilzt mit Soda auf einem Platinplättchen zu einer durchsichtigen Masse. Gerät nach dem Glühen auf Kohle ins Kochen, gibt Kohlensäure ab und verhält sich dann wie reiner Baryt. In verdünnten Säuren unter Brausen löslich. Aus stark verdünnten Schwefelsäurelösungen wird ein nicht löslicher weißer Niederschlag ($BaSO_4$) gefällt. Tritt meist auf in kugel-, trauben- und nierenförmigen sowie in dichten Aggregaten mit unebener Fläche, von strahlig-stengeligem Gefüge.

Periklas MgO (enthaltend 4—8,5 vH. FeO). Regulär. Würfel- oder Oktaederform. Spaltbarkeit vollkommen nach d. Fl. (100). Härte 6. Spez. Gew. 3,67—3,9. Farblos, grau, dunkelgrün. Durchsichtig. Glasglänzend. Vor dem Lötrohr nicht schmelzbar. Erhält mit Kobaltlösung nach längerem Glühen eine schwache fleischrote Färbung. In heißer konzentrierter Salzsäure löslich. Liefert eine alkalische Reaktion.

Brucit $MgOH_2O$ oder $Mg(OH)_2$; MgO — 68,96 vH und H_2O — 31,04 vH. Hexagonal. Kristalle gewöhnlich tafelförmig. Spaltbarkeit sehr vollkommen nach d. Fl. (0001). Milde, in dünnen Blättchen biegsam. Härte 2. Spez. Gew. 2,3—2,4. Perlmutterglänzend. Farblos, graulich- und grünlichweiß. Strich weiß. Scheidet beim Erhitzen Wasser ab, wird undurchsichtig und spröde. Schmilzt nicht vor dem Lötrohr. Nimmt mit Kobaltlösung nach erfolgtem Glühen weißrosa Farbe an. In Säuren leicht und restlos unter Brausen löslich. Tritt meist in dichten Massen auf, in schaligen und stengeligen gipsähnlichen Aggregaten.

Strontianit $SrCO_3$; SrO — 70,17 vH und CO_2 — 22,83 vH. Rhombisch. Kristalle gewöhnlich aufgewachsen. Haben das Aussehen dünner, zu Bündeln vereinigter Nadeln oder mehr oder minder dicker, tonnenförmiger Prismen. Härte 3,5—4. Spez. Gew. 3,68—3,7. Glasglänzend; Bruch pechglänzend. Farblos; vielfach jedoch graulich, gelblich und namentlich grünlich gefärbt. Durchsichtig oder nur durchscheinend. Strich weiß. Schmilzt vor dem Lötrohr bei starker Erhitzung nur an den Kanten, sich blumenkohlartig aufblähend, stark leuchtend und die Flamme rot färbend. In Säuren leicht unter Brausen löslich. Stark verdünnte salzsaure

Lösungen geben mit Schwefelsäure einen weißen Niederschlag. Tritt auf in dichten Massen, dünnstengelige oder adrige Aggregate bildend.

Ankerit $CaCO_3(Fe, Mg, Mn)CO_3$ s. S. 94.

Barytocalcit $BaCO_3 CaCO_3$; BaO — 51 vH, CaO — 19 vH. (mit unbedeutenden Beimengen von Magnesium, Eisen, Mangan). Härte 4. Spez. Gew. 3,6. Glasglänzend. Farbe gelblichweiß. Strich weiß. Färbt die Flamme vor dem Lötrohr grünlichblaß und wird selbst grün. In Salzsäure löslich. Liefert eine Reaktion auf Baryum und Calcium. Die verdünnte Lösung gibt mit Schwefelsäure einen bedeutenden Niederschlag.

Alstonit $(Ba, Ca_4)CO_3$. Rhombisch. Bruch uneben. Härte 4—4,5. Spez. Gew. 3,7. Glasglänzend. Farbe gelblichweiß, grau, rosa. Strich weiß. Verhält sich wie Barytocalcit.

Fluorit (Flußspat) CaF_2; Ca — 51,28 vH und F — 48,72 vH. Regulär. Kristalle oft groß, vorzüglich ausgebildet, haben mitunter die Form von Skalenoedern. Treten vereinzelt und zu Drusen verbunden auf. Spaltbarkeit vollkommen nach d. Fl. (111). Bruch kleinmuschelig; in dichten Varietäten splitterig. Härte 4. Spez. Gew. 3,1—3,25. Glasglänzend. Farblos, zuweilen wasserklar, meist jedoch verschiedenartig und hübsch gefärbt: gelb, grün, blau, rosa und rot, mitunter weiß und grau, dazwischen sind die häufigsten — violettblau, honiggelb, lauchgrün. Durchsichtigkeit verschiedener Grade. Zerknistert stark im Kolben und phosphorisziert. Schmilzt in dünnen Splittern vor dem Lötrohr, die Flamme rotfärbend, zu einer undurchsichtigen Masse, die eine alkalische Reaktion liefert. Schmilzt mit Soda auf einem Platinplättchen oder auf Kohle zu einer lichten Perle, die beim Erkalten undurchsichtig wird. Mit einem Überschuß von Soda erhält man eine schwer schmelzbare Emaille. Verliert bei stärkerer Erhitzung die Schmelzbarkeit und offenbart die Eigenschaften des reinen Kalks. Schmilzt mit Gips zu einem durchsichtigen Korn zusammen, das nach Erkalten undurchsichtig wird. Liefert in der offenen Röhre, mit Phosphorsalz zusammengeschmolzen, eine Reaktion auf Fluor. Bei Einwirkung der Schwefelsäure wird Flußsäure frei, die zum Glasätzen dient. Tritt auf in dichten Massen von grobkörnigem oder stengeligem Gefüge; ferner in derben Aggregaten und erdig.

Pharmakolit $HCaA_3O_4 2H_2O$ s. S. 110.

2. In Wasser lösliche Mineralien.

Soda $Na_2CO_3 10H_2O$. Monoklin. Kristalle tafelförmig. Spaltbarkeit wahrnehmbar nach d. Fl. (001). Bruch muschelig. Härte 1—1,5. Spez. Gew. 1,4—1,5. Glasglänzend. Farblos, weißgrau.

Strich weiß. Die wässerige Lösung besitzt eine alkalische Reaktion und braust auf bei Einwirkung von Säuren. Gibt im Kolben viel Wasser. Tritt auf als Beschlag auf vielen Gesteinen und in den Ablagerungen von Seen.

Thermonatrit $Na_2CO_3H_2O$. Rhombisch. Kristalle selten. Härte 1,5. Spez. Gew. 1,5—1,6. Glasglänzend. Farblos, grau, gelblich. Strich weiß. Schmilzt nicht bei Erhitzung. Gibt im Kolben Wasser. In Wasser löslich. Löst sich in Salzsäure unter Brausen auf.

Hallit (Steinsalz) $NaCl$; Na — 39,4 vH und Cl — 60,6 vH. Regulär. Die natürlichen Kristalle unterscheiden sich durch die Vollkommenheit ihrer Flächen von den künstlichen Kristallen, die fast immer als Folge der raschen Kristallisation ein stufenförmiges Gefüge aufweisen. Spaltbarkeit sehr vollkommen nach d. Fl. (100). Spröde. Härte 2. Spez. Gew. 2,1—2,6. Glasglänzend. Farblos und durchsichtig, vielfach jedoch rot, gelb und grau, seltener blau oder grün gefärbt. Geschmack salzig. Von allen Körpern am meisten diatherman. Strich weiß. Schmilzt vor dem Lötrohr, verflüchtigt sich und färbt die Flamme gelb. Die Phosphorsalzperle färbt die Flamme nach Fällung von Kupferoxyd lasurblau. In Wasser leicht auflösbar und zwar gleich gut bei hoher und niedriger Temperatur. Tritt meist auf in körnigen oder adrigen, dichte Massen bildenden Aggregaten und eingesprengt.

Sylvin KCl; K — 52,4 vH und Cl — 47,6 vH. Enthält fast immer Natriumchlorid. Regulär. Spaltbarkeit vollkommen nach d. Fl. (100). Härte 2. Spez. Gew. 1,9—2. Diatherman. Glasglänzend. In reinem Zustande farblos, gelblich. Geschmack salzig, aber schärfer und beißender als bei Kochsalz. In Wasser leicht löslich. Schmilzt leicht vor dem Lötrohr und färbt die Flamme violett. Eine Phosphorsalzperle gibt mit Kupferoxyd die gleiche lasurblaue Färbung wie Hallit. Tritt auf als Sublimatprodukt in Vulkankratern. Plattenförmige und körnige Aggregate mit Steinsalz und Carnallit.

Salpeter KNO_3; K_2O — 46,5 vH und NO_5 — 53,4 vH. Rhombisch; Kristalle meist prismatisch. Spaltbarkeit vollkommen nach d. Fl. (011), weniger vollkommen nach d. Fl. 010). Bruch unvollkommen muschelig. Härte 2. Spez. Gew. 2,0—2,1. Glasglänzend. Farblos, weiß oder grau. Strich weiß. Schmilzt vor dem Lötrohr im Platindraht sehr leicht, die Flamme rötlich färbend. Geschmack salzig, gleichzeitig jedoch kühlend. In Wasser leicht löslich, wesentlich leichter aber in heißem als in kaltem Zustande. Verpufft stürmisch auf glühender Kohle. Tritt nur in nadel- oder haarförmigen Kristallen auf, häufiger jedoch in Form flockenartiger oder mehlähnlicher Beschläge und in Form einer Kruste von feinkörnigem Gefüge.

Nitratin $NaNO_3$; $NaO - 36,47$ vH und $N_2O_5 - 63,53$ vH. Hexagonal. Spaltbarkeit vollkommen nach d. Fl. r (1011). Bruch muschelig. Härte 1,5—2. Spez. Gew. 2,2—2. Glasglänzend. Farblos oder schwach gefärbt. Durchsichtig oder nur durchscheinend. Strich weiß. Geschmack salzig, gleichzeitig kühlend. Schmilzt im Platindraht vor dem Lötrohr sehr leicht, die Flamme intensiv gelb färbend. Verpufft auf glühender Kohle aber nicht so stürmisch wie Kalisalpeter. In Wasser leicht auflösbar. Tritt auf vergesellschaftet mit Chlornatrium und anderen Meersalzen.

Carnallit $KMgCl_3 \cdot 6H_2O$; $K_2O - 14$ vH, $MgO - 9$ vH, $Cl - 38$ vH. Rhombisch. Bruch muschelig. Härte 1. Spez. Gew. 1,60. Glasglänzend. Durchsichtig. Farblos; durch Schuppen von Eisenglimmer rot gefärbt. Strich weiß. Geschmack bitter. Schmilzt leicht vor dem Lötrohr. Verhält sich überhaupt wie Sylvin. Gibt mit Ammoniumphosphat einen Niederschlag von Magnesium-Ammoniumphosphat. In Wasser sehr leicht löslich. Tritt gewöhnlich in dichten Massen von grobkörnigem Gefüge auf.

IV. Mineralien, die, mit Kobaltlösung benetzt, nach erfolgtem Ausglühen eine Reaktion auf Aluminium liefern.

Bauxit (Wocheinit) $Al_2O_3 \, 2H_2O$ oder $H_4Al_2O_5$, mit Beimengen von SiO_2, Fe_2O_3 u. a. m.; $Al_2O_3 - 30—64$ vH, $H_2O - 8—32$ vH. Amorph, erdig und derb. Spez. Gew. 2,55. Farblos oder licht gefärbt, auch gelbbraun, braun, rot. Vor dem Lötrohr nicht schmelzbar. Helleuchtend beim Glühen. Findet sich in bedeutenden Mengen in roten oolithischen, in Kalkspat eingewachsenen Körnern.

Diaspor $Al_2O_3 \cdot H_2O$ oder $H_2Al_2O_4$; $Al_2O_3 - 85,07$ vH und $H_2O - 14,93$ vH. Sehr spröde. Rhombisch. Die Kristalle sind im allgemeinen sehr klein und selten, wobei die Kanten oft abgerundet sind. Die Spaltbarkeit ist sehr vollkommen nach d. Fl. (210). Härte 6,5. Spez. Gew. 3,3—3,56. Diamant- und glasglänzend; auf den Spaltflächen perlmutterglänzend. Farblos, meist jedoch durch wasserhaltiges Eisenoxyd gelblich- oder grünlichweiß, auch braun gefärbt. Durchsichtig oder durchscheinend Strich weiß. Vor dem Lötrohr nicht schmelzbar. Zerknistert stark zu feinem Staub. Scheidet bei hoher Temperatur Wasser aus. Wird beim Glühen mit Kobaltlösung tiefblau. Wird von Säuren nicht angegriffen; nach starkem Glühen jedoch in Schwefelsäure löslich. Tritt auf in dichten Massen in dünnschaligen, blättrigen und fasrigen Aggregaten.

Kryolith $Na_6Al_2F_{12}$; $Na - 32,8$ vH, $Al - 12,8$ vH und $F - 54,4$ vH. Monoklin. Die Kristalle sind selten und meist klein.

Die Spaltbarkeit ist vollkommen nach d. Fl. (001), weniger vollkommen nach d. Fl. (110) und (101). Bruch uneben; spröde. Härte 2,5. Spez. Gew. 2,95—3. Glasglänzend. Auf den Spaltflächen perlmutterglänzend. Farblos, meist graulichweiß und rötlich gefärbt. Meist nur durchscheinend. Schmilzt sehr leicht vor dem Lötrohr zu weißer Emaille und färbt die Flamme rötlichgelb. Gibt in der Glasröhre eine Reaktion auf Fluor. Schmilzt ebenso leicht auf Kohle, zersetzt sich dann und hinterläßt eine Kruste von Tonerde, die durch Kobaltlösung blau gefärbt wird. In Borax und Phosphorsalz leicht löslich. Löslich in Schwefelsäure unter Abscheiden von Flußsäure. Tritt in dichten Massen auf, die aus großen unteilbaren sowie grobkörnigen Aggregaten bestehen.

Pachnolyth $Na_2Ca_2Al_2F_{12}\,2\,H_2O$; $Na — 10$ vH, $Ca — 18$ vH, $Al — 12$ vH, $F — 52$ vH. Monoklin. Dünne Prismen oder kristalline Aggregate. Bruch uneben. Härte 2,5—3. Spez. Gew. 2,9. Glasglänzend. Farblos. Strich weiß. Leicht schmelzbar. Gibt mit Schwefelsäure eine Reaktion auf Fluor. Die Lösung gibt eine Reaktion auf Calcium, Natrium und Aluminium.

Wavellit $2\,Al_2(PO_4)_2Al_2(HO)_6\,9\,H_2O$; $Al_2O_3 — 38{,}00$ vH, $P_2O_5 — 35{,}22$ vH und $H_2O — 26{,}78$ vH. Rhombisch. Die Kristalle sind meist klein, nadelförmig. Die Spaltbarkeit ist vollkommen nach d. Fl. (101) und (010). Härte 3,5—4. Spez. Gew. 2,3—2,5. Glasglänzend. Farbe weiß, gelblich oder graulich; zuweilen schön grün oder blau. Durchscheinend. Gibt im Kolben Wasser und vielfach Spuren von Fluorwasserstoffsäure. Bläht sich in der Pinzette auf und spaltet sich in überaus dünne, nicht schmelzbare Teilchen. Färbt die Flamme blaßgrün. Wird das Mineral zuvor mit Schwefelsäure benetzt, so verstärkt sich die Färbung. Bläht sich auf Kohle auf und wird weiß. Wird durch salpetersaures Kobalt blau gefärbt. In Säuren und Ätzkali löslich. Tritt auf in halbkugeligen und nierenförmigen Aggregaten von strahligadrigen Gefügen und drusenförmiger Oberfläche.

Hydrargillit (Gibbsit) $Al_2O_3 . 3\,H_2O$. Monoklin. Die Kristalle haben die Form kleiner sechsseitiger Tafeln oder Säulchen. Die Spaltbarkeit ist sehr vollkommen nach d. Fl. (001). Biegsam. Härte 2,5—3,5. Spez. Gew. 2,3—2,4. Glasglänzend, auf der Spaltfläche perlmutterglänzend. Farbe grünlich, bläulich, rötlich. Gibt, wie Glimmer, Schlagfiguren, deren Strahlen normal zu den Kanten des Sechsecks verlaufen. Wird vor dem Lötrohr weiß, undurchsichtig, spaltet sich, gibt Wasser und leuchtet sehr stark, schmilzt jedoch nicht. In konzentrierter Schwefelsäure löslich.

V. Mineralien, die eine Reaktion auf Chlor liefern.

Apatit $3(Ca_3P_2O_8)Ca(ClF)_2$. Hexagonal. Auf den prismatischen Flächen der Kristalle beobachtet man vielfach unsymmetrische Ätzfiguren. Bruch uneben. Spröde. Härte 5. Spez. Gew. 3,17—3,23. Glasglänzend. Auf Spalt- und Bruchflächen pechglänzend. Farblos oder weiß, gewöhnlich jedoch in lichten Schattierungen grün, blau, violett, rot und grau. Durchsichtig, mitunter nur an den Rändern durchscheinend. Vor dem Lötrohr, selbst in den dünnsten Splittern, schwer schmelzbar, die Flamme rötlichgelb färbend. Mit Schwefelsäure benetztes Apatitpulver färbt die Flamme bei Erhitzung im Platindraht bläulichgrün. In Salz- und Salpetersäure löslich unter Fällung, durch Einwirkung von Schwefelsäure, eines reichlichen Niederschlags von schwefelsaurem Kalk. Die verdünnte salpetersaure Lösung gibt mit essigsaurem Blei einen weißen Niederschlag, der vor dem Lötrohr auf Kohle schmilzt und beim Erkalten eine kristallin begrenzte Perle bildet. Viele Varietäten phosphoreszieren beim Erhitzen. Tritt auf in Form dicker Tafeln und Prismen. Die Prismenflächen sind gewöhnlich vertikal gestreift.

Chlorquecksilber (Kalomel, Quecksilberhornerz) Hg_2Cl_2; Hg — 85 vH und Cl — 15 vH. Tetragonal. Die Kristalle sind klein und haben die Form kurzer Säulchen, Tafeln oder Pyramiden. In einzelnen Fällen weisen sie jedoch sehr komplizierte Kombinationen auf. Bruch uneben. Härte 1—2. Spez. Gew. 6,4—6,5. Diamantglänzend. Farbe graulich- und gelblichweiß. Sublimiert im Kolben; gibt mit Soda metallisches Quecksilber. Färbt, gemischt mit Kupferoxyd und Phosphorsalz, die Flamme blau. Verflüchtigt sich auf Kohle restlos. In Salzsäure teilweise, in Salpetersäure nicht löslich. Wird in Ätzlaugen schwarz. Ein seltenes Mineral. Dünne Beschläge mit Zinnober.

Kerargyrit (Chlorsilber, Hornsilber, Silberhornerz, Kerat) AgCl: Ag — 73,3 vH und Cl — 24,7 vH. Regulär. Die Kristalle sind meist klein, erreichen jedoch zuweilen die Länge von einem Zoll und treten einzeln aufgewachsen oder zu Drusen und Stufengruppen verbunden auf. Bilden mitunter eine dünne Haut. Bruch muschelig. Geschmeidig. Härte 1—1,5. Spez. Gew. 5,5—5,6. Pech- und diamantglänzend. Farbe grau, grünlich, selten violett, braun und sogar schwarz. Durchscheinend. Strich glänzend. Kocht auf vor dem Lötrohr und schmilzt leicht zu einem grauen, braunen oder schwarzen Metallkorn, das im Reduktionsfeuer mit Soda metallisches Silber gibt. Färbt die Flamme mit Phosphorsalz, bei Sättigung mit Kupferoxyd, blau. Wird von Säuren kaum angegriffen. In Ammoniak langsam löslich. Tritt in dichten Massen, in Form von Überzügen und eingesprengt auf.

Salmiak (Chlorammonium) $(NH_4)Cl$; $N - 2{,}17\,vH$, $H - 7{,}48\,vH$ und $Cl - 67{,}35\,vH$. Regulär. Bruch muschelig, sich weich und zart anfühlend. Härte $1{,}5 - 2$. Spez. Gew $1{,}5 - 1{,}6$. Glasglänzend. Farblos, öfter jedoch gelb und sogar braun gefärbt. Durchsichtig. In Wasser leicht löslich. Verflüchtigt sich im Kolben ohne Schmelzung; verbreitet mit Soda einen starken Ammoniakgeruch. Färbt die Flamme beim Zusammenschmelzen mit Phosphorsalz und Kupferoxyd im Platindraht rot und blau. Tritt gewöhnlich in Form von Krusten, Ansätzen und erdigen Beschlägen auf.

Boracit (Boraxspat, Boraxstein) $Mg_7Cl_2B_{16}O_{30}$; $MgO - 31{,}4\,vH$, $B_2O_3 - 62{,}5\,vH$, $Cl - 7{,}9\,vH$ und $Mg - 2{,}7\,vH$. Regulär. Die Kristalle sind meist dünntäfelig. Bruch muschelig. Spröde. Härte 7. Spez. Gew. $2{,}9 - 3$. Glas- oder diamantglänzend. Farblos oder weiß; oft jedoch graulich, gelblich und grünlich. Durchsichtig oder nur an den Kanten durchscheinend. Strich weiß. Schmilzt vor dem Lötrohr aufkochend zu einer Perle, die zunächst gelblich und durchscheinend erscheint, erstarrt jedoch undurchsichtig wird und sich in ein weißes Aggregat nadeliger Kristalle verwandelt. Nach Anfeuchten mit Kobaltlösung erhitzt, färbt er sich zu einem satten Rosa. Mit Kupferoxyd gemischt und auf Kohle erhitzt, färbt er die Flamme lasurblau (Kupferchlorid). In Salzsäure löslich. Tritt auf in Form der oben beschriebenen, in Gips und Anhydrit eingewachsenen Kristalle.

VI. Mineralien, die in den vorgenannten Gruppen nicht enthalten sind.

1. Mineralien von geringer Härte.

Sassolin $B(OH)_3$; $B_2O_3 - 56{,}5\,vH$ und $H_2O - 43{,}5\,vH$. Triklin. Die Kristalle haben ein tonnenförmiges Aussehen. Die Spaltbarkeit ist sehr vollkommen nach d. Fl. (001). Milde und biegsam. Härte 1. Spez. Gew. $1{,}4 - 1{,}5$. Perlmutterglänzend. Farblos, meist jedoch gelblichweiß gefärbt. Durchscheinend. Schmilzt sehr leicht unter Schäumen vor dem Lötrohr zu durchsichtigem Glas und färbt die Flamme zeisiggrün. Gibt im Kolben Wasser. Schmeckt ein wenig sauer und zugleich bitter. Sich fettig anfühlend. In kochendem Wasser leicht, in kaltem ein wenig schwieriger löslich. In Alkohol löslich. Tritt auf in feinen schuppigen oder adrigen Aggregaten, von denen die ersteren unregelmäßige sechsseitige Täfelchen mit schräg gelagerten Randflächen bilden.

Borax, natürlicher (Tinkal) $Na_2B_4O_7 . 10H_2O$; Na_2O — 16,26 vH, B_2O_3 — 36,59 vH und H_2O — 47,15 vH. Monoklin. Die Spaltbarkeit ist vollkommen nach d. Fl. (100). Bruch muschelig. Härte 2—2,5. Spez. Gew. 1,7—1,8. Glas- und pechglänzend. Farblos, meist jedoch gelblich, grünlich und graulichweiß gefärbt. Durchscheinend. Bläht sich vor dem Lötrohr stark auf, wird schwarz und schmilzt schließlich zu einem durchsichtigen und farblosen Korn zusammen, wobei die Flamme rötlichgelbe Färbung erhält. Die wäßrige Lösung gibt eine starke alkalische Reaktion.

2. Mineralien von mittlerer Härte (über 4).

Monazit (Mengit) $(Ce,La,Di)_8(PO_4)_2$. Monoklin. Die Kristalle sind gewöhnlich klein und tafelförmig. Tritt in runden Körnern auf. Die Spaltbarkeit ist vollkommen nach d. Fl. (001). Bruch muschelig. Härte 5—5,5. Spez. Gew. 4,9—5,3. Pechglänzend. Die Farbe rötlichbraun, gelblich, hyazinthrot. Tritt auf in Graniten und Gneisen.

Xenotim (Ytterspat) $Y_4(PO_4)_2$. Tetragonal. Die Spaltbarkeit ist vollkommen nach d. Fl. (110). Bruch uneben. Splittrig. Härte 4—5. Spez. Gew. 4,45—4,56. Pech- oder glasglänzend. Schmilzt nicht vor dem Lötrohr. Färbt die Flamme, mit Schwefelsäure benetzt, bläulichgrün. In Phosphorsalz schwer löslich. In Säuren unlöslich. Kleine, gelbe, glänzende Kristalle in Graniten. Zuweilen eingesprengt.

3. Mineralien von ausschließlicher Härte.

Spinell, edler. Härte 8 (s. S. 96).

Korund Al_2O_3. Hexagonal. Die Kristalle sind tonnenförmig. Bruch uneben und muschelig, Härte 9. Spez. Gew. 3,93—4,1. Diamant- oder glasglänzend. Farbe grau, rot, braun, blau. Findet sich in Graniten. Die roten Varietäten (Rubine) und die blauen (Saphire) finden sich vielfach als Körner in Seifen.

Diamant. Der höchste Härtegrad = 10. Tritt auf meist in Kristallen in Form von Kugeln, Oktaedern und anderen Formen des regulären Systems. Durchsichtige, gelbe, graue und schwarze Varietäten.

Gediegene Elemente.

Gold Au. Regulär. Sehr geschmeidig. Härte 2,5—3. Spez. Gew. 15,6—19,3. Findet sich eingesprengt und in Quarzgängen. Oft zusammen mit Kupferkies, Limonit, Pyrit und Arsenikkies. Findet sich gediegen in Seifen. Im Gemenge mit Silber blaßgelb als Elektrum bezeichnet.

Platin Pt. Rhombisch. Geschmeidig. Härte 4,5. Spez. Gew. 14—19. Chemisch rein 21—22. Metallglänzend. Grau, zuweilen polarmagnetisch. Nicht schmelzbar. Nur in heißem Königswasser löslich. Feine Sprenkel in Oolithgesteinen zusammen mit Chromeisenerz in Serpentinen. Findet sich auch in Seifen in Form kleiner Plättchen und gediegen. Man unterscheide Iridiumplatin — spez. Gew. 16,94 mit 27 vH Iridiumgehalt — und Eisenplatin mit 11 vH Eisengehalt; spez. Gew. 14,6—15,8.

Iridium. Regulär. Geschmeidig. Keine Kristalle sowie abgerundete Körner. Härte 6—7. Spez. Gew. 22,6—22,8. Metallglänzend. Farbe silberweiß.

Osmiridium (Iridosmium). Hexagonal. Kleine, flache Körner in Goldseifen. Die Spaltbarkeit ist vollkommen nach d. Fl. (0001). Sehr elastisch; springt hoch, wenn man es auf eine Schale niederfallen läßt. (Newjanskit.) Härte 6—7. Spez. Gew. 19,3—21. Beim Glühen mit Salpeter macht sich bald der für Osmium kennzeichnende Geruch bemerkbar. Man erhält hierbei eine in Wasser lösliche Masse, aus der mit Salpetersäure ein grüner Niederschlag gefällt wird. Überwiegt der Iridiumgehalt, so heißt das Mineral Sysserskit.

Palladium. Regulär. Kleine oktaedrische Kristalle oder kombiniert mit Würfeln. Findet sich am häufigsten in Form von Körnern. Härte 4,5. Spez. Gew. 11,4. Farbe lichtgrau. In Salpetersäure bei niedriger Temperatur löslich.

Quecksilber (Wassersilber, Merkur, Hydrargyrum). Findet sich in Form kleiner, flüssiger Kügelchen oder als Haut an den Lagerstätten von Quecksilbererzen. In Salpetersäure langsam löslich.

Silber (Argentum). Regulär. Geschmeidig. (Meist mit Beimengungen von Gold, Kupfer, Platin, Selen, Wismut, Quecksilber.) Härte 2,5—3. Spez. Gew. 10,1—11,1. Schmilzt vor dem Lötrohr zu einem silberweißen Korn, das im Oxydationsfeuer einen dunkelroten Beschlag von Silberoxyd gibt. Kristallisiert nach Erkalten.

Eisen. Sehr selten in Basalten und Meteoriten. Beimengungen von Nickel.

Blei. Sehr selten.

Kupfer, Antimon, Arsen, Wismut. Wurden schon früher an den entsprechenden Stellen besprochen.

Schwefel. Rhombisch. Bruch muschelig. Härte 2. Spez. Gew. 2,05—2,09. Farbe gelb. Pechglänzend. Entzündet sich leicht und brennt mit blauer Flamme unter Bildung stickiger Dämpfe des Schwefligsäureanhydrids. Wird von Säuren nicht angegriffen. In Schwefelkohlenstoff löslich. Tritt auf in dichten Massen mit

Gips und in Kalklagern; mitunter schöne Kristalle bildend, sowie in Form von Beschlägen in Rissen von Eruptivgesteinen.

Diamant. Härte 10. Nach der Härte sofort zu bestimmen und von allen anderen Mineralien zu unterscheiden.

Graphit. Härte 1. Färbt ab. Schreibt auf Papier. Tritt auf in dichten Massen zwischen Schiefern u. a. m., Gesteinsarten, sowie eingesprengt in Graniten, metamorphen Kalksteinen. Farbe grau. Metallglänzend.

Schungit. Zwischen Graphit und Steinkohle. Brennt nicht wie Kohle, schreibt aber auch nicht wie Graphit. Sieht äußerlich dem Anthrazit ähnlich.

Brennbare Mineralien.

Schwefel S. Gediegene Elemente. (S. S. 126.)

Asphalt (Erdpech, Judenpech). Härte 2. Spez. Gew. 1,2. Bruch grobmuschelig. Stark pechglänzend. Farbe bräunlichschwarz. Leicht entzündlich. In Alkohol, Äther und Terpentinöl löslich. Durchtränkt sehr oft Kalksteine, Sandsteine und Schiefer, die man dann als riechend und klebrig bezeichnet. Hierher gehören ferner der **Gragamit**, **Albertit** und **Walait**.

Ozokerit (Erdwachs). Weich und zähe. Bruch muschelig und splittrig. Härte 1. Spez. Gew. 1—1,8. Farbe bräunlich und grünlich. Brennt mit heller Flamme und verbreitet dabei einen aromatischen Geruch. Wird schon durch die Fingerwärme weich. In Terpentinöl leicht löslich, in Alkohol und Äther schwer. Findet sich in Sandsteinen und Schiefern. Der dunkelbraune, mit Ozokerit durchtränkte Sandstein wird als **Kir** und **Nephegil** bezeichnet.

Naphta (Erdöl). Spez. Gew. 0,8—0,9. Flüssig. Farbe schwarz, grünlich, seltener rot, gelb, braun.

Harze.

Bernstein (Succinit) $C_{10}H_{16}O$. Härte 2. Pechglänzend. Farbe gelb und milchweiß. Brennt mit rußbildender Flamme und aromatischem Geruch. Findet sich in kleinen Stücken an den Ufern von Flüssen und Meeren.

Bastard. Ein infolge des Wassergehaltes trüber Bernstein, diesem sehr ähnlich.

Kopal, Rhätinit, Gedanit u. a. m. Sie alle kann man im Grunde genommen als fossile Harze bezeichnen.

Kohlen.

Steinkohle, C — 82 vH, H — 5 vH, O — 13 vH und N — 0,8 vH, bei starken Schwankungen des Gehaltes der einzelnen Bestandteile. Beimengungen von Schwefelkies. Härte 2,5. Bruch muschelig. Matt- bis pech- bis fettglänzend. Farbe braun bis schwarz. Brennt nicht vor dem Lötrohr.

Anthrazit, C — 96 vH. Härte 3. Spez. Gew. 1,5. Fast metallglänzend. Farbe pechschwarz. Zerknistert beim Glühen und brennt schwer.

Braunkohle. Farbe dunkelbraun. Strich braun. Deutlich erkennbare Pflanzenstruktur. Lignite und die derbe als Gagatkohle bezeichnete Pechkohle.

Tabelle der in Wasser löslichen Mineralien.

I. Mineralien, die mit Soda auf Kohle Schwefelleber liefern.

Mirabilit (Glaubersalz) $Na_2SO_410H_2O$. Schmilzt im geschlossenen Kolben bei Erhitzung im eigenen Kristallisationswasser.

Thenardit Na_2SO_4. Gibt kein Wasser.

Glauberit $CaSO_4Na_2SO_4$. Löst sich in Wasser auf unter Fällung eines Niederschlages (s. S. 60).

Mascagnin $(NH_4)_2SO_4$. Verflüchtigt sich vor dem Lötrohr unter Entwicklung weißer Dämpfe.

Goslarit $ZnSO_47H_2O$. Eine Lösung mit Soda gibt einen weißen, nicht gallertartigen Niederschlag. Geschmack widerlich und herb (s. S. 58).

Epsomit (Epsomsalz, Bittersalz) $MgSO_47H_2O$. Geschmack bitter. Eine Lösung mit Soda gibt einen nichtdurchsichtigen, gallertartigen Niederschlag (s. S. 60).

Kalialaun. Eine Lösung mit Soda gibt einen halbdurchsichtigen, gallertartigen Niederschlag (s. S. 62).

Botryogen $MgO,FeO,Fe_2O_3,4SiO_3,18H_2O$. Farbe hyazinthrot. Strich gelb. Brauner Niederschlag von Ammoniak (s. S. 46).

Melanterit $FeSO_4H_2O$. Farbe grün (s. S. 45).

Nickelvitriol (Morenosit) $NiSO_47H_2O$. Rhombisch. Nadelige und faserige Kristalle. Härte 2—2,25. Spez. Gew. 2. Glasglänzend. Farbe apfelgrün. Geschmack metallisch, herb. Die Lösung wird durch Ammoniak blau gefärbt. Gibt mit Borax und Phosphorsalz eine deutliche Reaktion auf Nickel. Das Mineral selbst ist bläulichgrün.

Kupfervitriol (Chalkanthit) $CuSO_45H_2O$. Triklin. Bruch muschelig. Spröde. Härte 2,5. Spez. Gew. 2,1—2,3. Glasglänzend. Farbe Berlinerblau, mitunter ins Grünliche hinüberspielend. Gibt mit Soda auf Kohle ein Kupferkorn. Liefert mit Ammoniak eine blau gefärbte Lösung. Ein Tropfen der Lösung, auf die Oberfläche von Eisen verbracht, überzieht diese mit Kupfer.

II. Mineralien, die mit Salzsäure aufkochen.

Soda $Na_2CO_3H_2O$. Härte 1. In Wasser sehr leicht löslich.
Natrocalcit (Gaylussit) $Na_2Ca(CO_3)_2 5 H_2O$. Härte 2,5. Schwer und nicht restlos löslich (s. S. 116).

III. Mineralien, die eine Reaktion auf Chlor liefern.

Salmiak NH_4Cl. Verflüchtigt sich vor dem Lötrohr, ohne zu schmelzen, wobei dichte weiße Dämpfe entwickelt werden (s. S. 124).
Steinsalz $NaCl$. Geschmack salzig (s. S. 120).

IV. Sonstige Mineralien.

Borax $Na_2B_4O_7 10H_2O$. Lösung alkalisch (s. S. 125).
Natronsalpeter $NaNO_3$. Rhombisch. Die Spaltbarkeit ist vollkommen nach d. Fl. (1011). Bruch muschelig. Härte 1,5. Spez. Gew. 2,2—2,3. Glasglänzend. Farbe weiß, auch rotbraun, zitronengelb. Geschmack kühlend. Zerknistert auf Kohle, gelb leuchtend, und zerfließt. Färbt die Flamme intensiv gelb. Die Flamme vor dem Lötrohr wird gelb gefärbt. Verpufft auf Kohle.
Kalisalpeter. Verpufft auf Kohle. Verfärbt sich vor dem Lötrohr rötlichviolett (s. S. 120).

Literaturverzeichnis.

Analyse mit Hilfe des Lötrohres.

Berzelius. Die Anwendung des Lötrohres in der Chemie u. Mineralogie.
Plattner. Probierkunst mit dem Lötrohre. 1878.
Roß. Das Lötrohr in der Chemie und Mineralogie. 1889.
Bunsen. Lötrohrversuche.
Birnbaum. Lötrohrbuch. 1872.
Landauer. Die Lötrohranalyse. Zweite Auflage. 1881.
Treadwell, F. P. Kurzes Lehrbuch der analytischen Chemie.
Knövenagel. Analytische Chemie.
Kissljakowski. Der systematische Gang der chemischen Analyse mit Hilfe des Lötrohres. 1892.
Brauns. Chemische Mineralogie. I. Teil. 1904.
Lapparand. Mineralogie.
Krotkoff. Wie werden Mineralien bestimmt? 1917.
Vorzüglich dargelegt sind die entsprechenden Kapitel bei G. J. Brush. Manual of determinative mineralogy with an introduction of blow-pipe analysis, und in einem analogen Buch von Penfield.

Sachverzeichnis.